雜貨店的在與不再

雜貨店沒有
告訴你的秘密

王雅萍・主編

目錄 | CONTENTS

005 【序一】學術研究與社會實踐結合的 USR 在地創新
・李蔡彥

008 【序二】守護與重生的社區實踐之路
・陳樹衡

011 【序三】把雜貨店找回來，作為偏鄉復興的發展引擎
・湯京平

013 雜貨店 2.0 老店新開，培育在地工作青年領導人的挑戰
・王雅萍

029 烏來大桶山與「獵人雜貨店」的秘密
・田　原

047 烏來「瀑布一號」店──Yokay 的織女夢
・高玉玫

061 雪霧鬧「飛鼠先生」的（雜貨店）大夢
・胡財源

073 會走路的雜貨店
・卓暐彥

087 我（們）與部落雜貨店的距離
・王　梅

101　數位科技與雜貨店的邂逅之後
　　・蔡子傑

109　出外人的美食與社交驛站：移工們的印尼雜貨店（toko）
　　・邱炫元

117　台灣穆斯林社群（Muslim Community）的跨界生命：
　　以桃園龍岡清真寺周邊穆斯林群體為中心
　　・陳乃華

125　雜貨店平台串起多元文化
　　・傅凱若

135　東清灣前雜貨店
　　・江薇玲（Sipnadan）

145　古晉火車路上的華人雜貨店
　　・潘貞蒨

157　「手拉手小小店」：忠貞社區雜貨店的再生與多元文化
　　的共生
　　・黃秀柱

167　違建社區邊緣的雜貨店
　　・許　赫

177　烏來，我在這裡織起
　　・范月華

189　雜貨店是我家
　　・葉張霈

【序一】
學術研究與社會實踐結合的 USR 在地創新

李蔡彥

國立政治大學校長

　　《雜貨店的在與不再：雜貨店沒有告訴你的秘密》記錄了國立政治大學在「USR 雜貨店 2.0 老店新開：順路經濟與社會資源整合平台計畫」中的努力與成果。這本書不僅關注社區老雜貨店的現狀，更深入探索雜貨店背後蘊藏的社會網絡與文化意涵，為當前台灣社會中逐漸消失的老雜貨店提供了一個新的視角和可能性。它讓我們看見雜貨店不僅僅是物資交易的場域，更是連結社區、傳遞文化、促進交流的重要平台。

　　在這個時代，雜貨店在偏遠地區的逐漸凋零，不僅是市場經濟的趨勢結果，更反映了社會結構變遷所帶來的影響。一家雜貨店的消失，往往代表的不只是民生物資供應的中斷，而是社區聯繫的弱化。透過這個計畫，政大師生與在地社區工作者希望重新思考雜貨店在今日社會中的角色，並努力找回那份社區中的連結感與共識。

　　「USR 雜貨店 2.0 老店新開」計畫正是以這樣的目標為

出發點，通過多元文化與社區復能等當代迫切議題，試圖將消失中的老雜貨店重新定位為當地社區的核心。我們觀察到這些老雜貨店作為社區的樞紐，不僅扮演著供應生活物資的角色，更是各種文化資源與人際關係的匯聚點。因此，我們選擇烏來桶壁腳部落、桃園復興雪霧鬧部落、桃園忠貞社區、基隆港區等地，設立數個據點，嘗試讓這些雜貨店重新「活」起來。

計畫中，烏來泰雅族的獵人文化課程、山上的部落安親班與營隊、東南亞社區的文化導讀、忠貞社區的社區服務、基隆港區的印尼雜貨店走讀等一系列活動，皆是為了因應當地社區的需求與特色。我們深知，復活雜貨店的目標並不是將它們重新還原為舊時的模樣，而是賦予它們新的意義和價值。透過支持在地人成為雜貨店店長，我們希望這些雜貨店不僅僅是物資的供應點，更能成為文化傳遞、知識分享與社會資源整合的多功能平台。

在這兩年的時間裡，政大多個學科的教授與學生積極參與其中，包括資訊系、資管系、公行系、民族系、政治系和社工所的專家學者與學生們，共同投入計畫，發展多元而富有創意的提案，並在各社區中展開實際行動。我們嘗試將學術研究與社會實踐緊密結合，透過學生們的熱情和專業知識，將理論付諸於行動，在地深耕，切實解決社區面臨的各種挑戰。

在這本書中，讀者將會跟隨政大師生的腳步，透過一個個生動的故事，看見這些偏遠地區雜貨店如何在新的時代中找到了屬於自己的位置。見證這些老雜貨店從一度瀕臨消失，到重新賦予意義的歷程。這本書不僅是一部紀錄，更是一段探索，探索雜貨店背後深厚的社會與文化脈絡，探索不同文化在台灣偏遠地區如何共存共榮的故事。

　　「USR 雜貨店 2.0 老店新開」計畫與《雜貨店的在與不再》這本書，不僅是政大對於社會責任的實踐，亦是我們對於社區活力復興的承諾。我們相信，透過這樣的努力，雜貨店不再只是「在」或「不再」的選擇，而是成為一個活在當下、迎向未來的重要社會資源整合平台。在這本書的背後，是一群對社會充滿關懷的師生與在地社區工作者，是一個不斷探索社區新價值的過程，是一種對於社會永續發展的承諾。透過這本書，我希望能夠激發更多人關注我們生活中的「雜貨店」，讓我們一起重新思考，這些看似平凡的場域，在我們的生活中所承載的深遠意義。

李蔡彥

【序二】
守護與重生的社區實踐之路

陳樹衡

國立政治大學副校長

　　《雜貨店的在與不再：雜貨店沒有告訴你的秘密》是一部描繪社區創新與地方重生的故事集，它不僅揭示了傳統雜貨店在社區生活中的核心角色，更探索了其在現代社會中的轉型可能。這本書的誕生，源於國立政治大學多年來推動大學社會責任（USR）計畫的豐碩成果，同時象徵著我們在地方創生、社會資源整合和文化保存上不斷追求的不懈努力與卓越成就。

　　政治大學在推動 USR 的過程中，不僅鼓勵校內師生們深入社區，實踐具體的社會行動，更強調學術的社會責任，主張知識應該不僅僅存在於書本或課堂內，而是要融入社會的脈動中，成為改變的力量。這種精神在「雜貨店 2.0 老店新開：順路經濟與社會資源整合平台計畫」中得到了具體的展現。這項計畫的目標，是透過雜貨店的再生策略，將其轉型成為部落與社群的營運中心，成為解決社區問題與實踐創新的關鍵平台。

　　從傳統到現代，雜貨店一直是台灣各地區日常生活的重

要場域。它不僅僅是購物的場所,更是社區情感的連結點,承載著居民的故事與回憶。在這本書中,透過一篇篇生動的記述與案例分享,我們得以窺見雜貨店如何在當代背景下,重新扮演起社會服務平台的角色。我們也看到,透過政大 USR 計畫的支持,這些雜貨店在數位科技、社福資源整合、文化保存與多元文化共生等方面展現了嶄新的可能。

計畫中所涉及的四個社區據點——新北市烏來區、桃園市復興區、桃園市平鎮區龍岡忠貞社區與基隆市中正區清真寺周邊——代表了台灣不同文化與族群的多樣性。這些社區有的依賴於傳統的農業和手工業,有的因現代化發展而逐漸邊緣化。在這樣的背景下,雜貨店 2.0 計畫透過社區經濟的重建與社會資源的整合,不僅解決了當地的運輸、社福、高齡照顧和數位落差等問題,還成功將這些不同的社區連結起來,形成了一個支持彼此的社會網絡。

這本書的每一篇文章,從烏來的樂酷計畫到「獵人雜貨店」的秘密,再到桃園忠貞社區的「手拉手小小店」,都讓人看到在地文化如何在全球化浪潮下,依然能夠找到屬於自己的新生之路。更重要的是,這些故事讓我們明白,當知識與社會的脈動相遇時,那些看似不起眼的場所,如雜貨店,依然能成為創新與改變的起點。

政治大學推動 USR 計畫多年來,一直以多樣化的社會實踐體系為核心。從初階型的 USR Hub 計畫,到進階型的全

方位地方創生計畫，政大希望能夠藉由知識與社會實踐的結合，持續在台灣甚至國際間推動正向的社會改變。我們不僅支持在地小農返鄉創業，保存地方文化，也致力於推動多元文化的共生，特別是關注南島國家、東南亞移工與新住民族群，這些努力皆展現了政大對於全球文化理解與社會正義的深切承諾。

《雜貨店的在與不再 —— 雜貨店沒有告訴你的秘密》不僅僅是一部雜貨店的歷史記錄，更是我們對未來的一種期許。期許知識能夠真實地融入生活，成為推動社會變革的力量。期許大學能夠成為社會創新的基地，透過師生的共同努力，將課堂所學轉化為真實的社會行動。這本書見證了政大USR計畫的成果，也讓我們深刻體會到，唯有真正融入社會，我們才能找到實現改變的可能性。

這正是政大推動USR計畫多年來不變的核心精神：尊重在地，放眼國際，讓知識成為服務社會的能量。透過這本書，我們希望所有讀者能感受到這股知識轉化的力量，並與我們一起持續為社會創新而努力。

【序三】
把雜貨店找回來，作為偏鄉復興的發展引擎

湯京平

國立政治大學政治系特聘教授／社會實踐辦公室執行長

　　相較於連鎖超商摩登、明亮、便利且多功的形象，日漸消失的「雜貨店」則帶著暖暖的懷舊意象，除了有濃濃的人情味，也是在地資訊匯集的地方。在公共服務較難觸及的偏鄉，村民散居各山頭，雜貨店更常是在地互助網絡的連結點，物資進出的門戶。近年偏鄉雜貨店消失的原因，可能不是被更具資本額的超商或電商所取代，而是因為人口外移及老化後，維持其存續商業機能消失。不是雜貨店不被需要，而是日漸緊縮的規模經濟已撐不起雜貨店的營運。

　　政大在社會實踐辦公室執行樂酷計畫後段時期，希望藉由雪霧鬧飛鼠不渴營地所發想的順路經濟，開發出能提供山上部落公共服務的新模式：把雜貨店找回來，作為偏鄉復興的發展引擎。回鄉創業的青年，若能扮演雜貨店的角色，於公能為在地提供許多珍貴的公共服務，例如把日用所需帶到宅急便或 Uber 難以迄及的深山，或順路送山中長者下山就醫、拿藥等，於私則能藉由載人帶貨的服務賺取利潤，也掌

握整個在地的社會網絡及對外關係，有助於事業長期發展。透過永豐金控所贊助的順路餐盒計畫，順路概念可行性獲得肯定後，雜貨店就在烏來、復興開張了，並嘗試擴展到非山區的中壢和基隆，服務對象也從原住民擴展到新住民。順路經濟是創生的概念，希望透過網路的連結，降低公共服務與交易的成本，但在操作上，遠遠不只是像經營電商一樣架設網路平台，而是重新鋪設迅速消失的實體社會網絡，讓平台的潛在使用者透過互動而有互助的意願，堪稱是營造社區之前的基礎工程。畢竟這不只是經濟的雜貨店，也是社會的雜貨店，被期待其能發揮偏鄉治理的功能。

　　規劃之初並未打算爭取公部門經費的支持，初衷是在一開始就尋求財務獨立的可能：以 USR 為基礎的實踐計畫大幅降低了財務壓力，容易讓執行者忽略轉型的必要性。此外，大學以自身之力募集資源進入社區，似乎更有履行責任的誠意。然而，透過公部門計畫的支持能夠快速啟動，則是致命的吸引力。啟動之後，這計畫則展現出令人動容的擴展與熟成。主持人王雅萍老師以驚人的活力號召了校內各種專業的師生投入，甚至讓本校合作社「加盟」成為駐校的「雜貨店」，為學校帶起一股不為計畫而實踐的風氣。希望這股士氣與風氣能夠持續下去，讓政大最終能發展出非常不一樣的社會實踐風格。

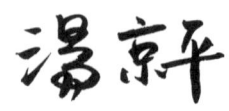

湯京平

烏來桶壁角獵人雜貨店前合影。（筆者提供）

雜貨店 2.0 老店新開，培育在地工作青年領導人的挑戰

│王雅萍

國立政治大學民族學系副教授／教育部 USR 計畫雜貨店 2.0 老店新開計畫主持人

緣起：加入政大 USR 辦公室團隊

2022 年 7 月 24 日剛從泰國探視新南向學海築夢計畫的實習學生歸國，一下飛機，在機場接到 8 月 1 日即將上任的

新任校長李蔡彥的電話，徵詢我協助大學社會責任辦公室的行政工作的意願，李校長曾經在吳思華校長任內擔任教學發展中心主任，當時我擔任研究規劃組組長，共事過半年，做完中心評鑑後才免兼。考量從 2012 年底受邀跟時任社科院副院長湯京平教授投入國科會第一期的人文創新與社會實踐的「政大烏來樂酷計畫」後，這十多年一直都在社區營造與社會實踐相關教學第一線，於是答應老長官這個新任務。不過因為當時我正在學術休假半年，休假期間依法不能接行政工作，就先義務協助處理社責辦事務三個多月，等到隔年 2 月 1 日再正式接任大學社會責任辦公室副執行長兼辦公室主任工作，執行長是研發長吳筱玫教授，筱玫教授 2024 年 7 月 31 日退休，由經濟系徐士勛教授接任，跟長官們合作愉快。

教育部於 2018 年推動了大學社會責任實踐計畫（University Social Responsibility, USR），鼓勵大學積極參與在地的發展，讓大學成為地方發展的重要夥伴。政大社會責任辦公室於 2019 年隨即成立，2022 年 12 月 16 日辦理「政大 USR 五年經驗回顧與展望論壇」，期待將知識轉為社會服務動能。USR 是「University Social Responsibility（大學社會責任）」的簡稱。大學扮演著培育人才、研究學術、提升文化等重要角色，同時也肩負著服務社會、促進國家發展的使命。2023 年初第三期（112～113 年）USR 開獎結果，本校提出的五案，通過二個萌芽型計畫，分別是地政系戴秀雄老師

「以鄉村地區規劃落實里山經濟」與民族學系王雅萍老師主持的「雜貨店 2.0 老店新開：順路經濟與社會資源整合平台計畫」兩個計畫，前者從制度及規劃面去解決地方創生常會遇到的困境與國土計畫等的結合；後者透過雜貨店 2.0 的打造，使其重新成為地區物資及資訊的集散點，並成為承接政大師生創意的「風巢」（註：「風巢」是雜貨店獨特的設計，就是土的人在部落或社區，接住像風一樣來去的大學生，一起合作激盪做地方創生的創新工作）。（NCCU USR 政治大學大學社會責任辦公室，2022）

為何雜貨店 2.0 計畫要老店新開？

過去十多年，本校深入部落執行社會實踐計畫，發現部落的雜貨店日漸凋零，功能萎縮，以致部落的運補系統出現狀況，民生基礎無法滿足，建構在部落的社區空間議題與產業就無法站穩，因此本計畫要照顧的是部落生活的根。考察過去雜貨店扮演滿足在地民生、社福、資訊流、金流、政策落實的各項功能，我們企圖在數位時代，透過跨域的支持，捲動大學各項專業，來復振雜貨店扮演部落根基的功能，讓相關議題與產業的成果得到支持。

這就是「雜貨店 2.0 老店新開」名稱的由來，以「順路經濟與社會資源整合平台的創新模式」為內容，為當地產業

發展注入活水，建立在地青年發展地方產業的想像。於此同時，引導團隊成員與學生進到不同族群的場域，能夠身歷其境體會感受其生活空間，進行服務的同時，能設身處地學習並具有同理心。（王雅萍等 2022，教育部第三期計畫提案計畫書）

雜貨店開在何處？

教育部第三期 USR 雜貨店計畫提案時，奠基在過去本校在原住民族和移工、新住民等等議題累積的關注上（例如：

雪霧鬧雜貨店變成是地方創生交流中心。（筆者提供）

政大烏來樂酷計畫、南風四重奏、外籍勞工微型信用貸款平台、台灣印尼移工的遠距親職培力、基隆港邊街區和印尼穆斯林移工的關聯性、龍岡地區穆斯林社群、社會實踐辦公室在烏來和桃園大溪地區的地方創生前期耕耘成果等），計畫有社科院、商學院、資訊學院和外語學院四大院跨領域合作投入，除社科院的民族系王雅萍、陳乃華；社會系邱炫元；公行系傅凱若；社工所王增勇、夏曉鵑，還有商學院的資管系蔡瑞煌、資訊學院資科系蔡子傑；以及外語學院的東南亞語文學士學位學分學程（113學年度開始已經更名為東南亞語文學系）的副院長兼主任的劉心華和招靜琪等老師們一起投入。團隊的老師們，都在研究和教學主題上，涉及原住民、新住民以及有特殊穆斯林信仰的移工群體。

雜貨店計畫分別選擇新北市烏來區與桃園市復興區（雪霧鬧）的原鄉部落、桃園市龍岡區（忠貞社區）與基隆市清真寺附近的新住民社群所在地建立據點，並串聯成一個社會資源平台，導入大學師生的研究與實踐能量，動態思考各項問題環節。透過結合不同學術領域、專業背景與人脈關係，在多方資源的匯聚下，化簡為繁地實踐在地關懷，同時照顧各個社區各個族群的需要。

打造「風巢」與帶動順路經濟，是雜貨店2.0計畫執行的重要目標。在部落或社區打造「駐風站」，使雜貨店2.0成為關係人口進入社區的新據點，亦具備co-working space功能，

共創翻轉社區的行動與服務。並透過 IT 工具讓村人建立互助的順路經濟機制，讓外出的村人協助村裡人採購、取藥、取貨，也可以協助村裡人外出、看病、送件，讓人與物的村裡村外的雙向移動具備社區守望相助、相互關懷的生活與人情依託。更進一步扮演社會資源整合平台，以課程帶領學生整合政府補助 SOP 工作手冊，發展代辦諮詢業務，讓社區居民都能知道如何完成各種政府補助專案申請。（王雅萍等 2022，教育部第三期計畫提案計畫書）

阿公阿嬤開設的「連金商店」

因為負責教育部 USR 的雜貨店 2.0 計畫，經常讓我想起彰化溪州老家阿公阿嬤的連金商店，連金商店位在彰化縣溪州鄉、田中鎮、北斗鎮、二水鄉四鄉鎮交界的濁水溪沖積地。濁水溪是孕育彰化平原成為全台穀倉的母親河，但頻繁的洪患是河邊居民的大威脅。直至大正七年至十二年（1918--1923）間，日本政府技師在濁水溪兩岸築起長度超過七十公里的堤防，才止住老家附近四鄉鎮的洪水。老家行政轄區屬溪州鄉西畔村第十六鄰，聚落名稱就是西畔溪底。小時候大約有三十戶左右來此開發新土地的的農戶。這個雜貨店旁邊有一間土地公廟，剛好是方圓七公里內聚散中心。

我的阿公王連居生於日本時代大正八年（1919，民國八

年），歿於民國九十六年（2007），享壽九十歲。他身為長子，幼年十一歲即失去母親，認真勤勞並侍奉繼母。二十三歲跟金花阿嬤結婚。我的阿嬤王鄭金花，生於日本大正十年（1921）溪州鄉東洲村鄭家，因為母親過世，「無奶水被送養到下壩村朱家當童養媳，金花阿嬤自幼聰穎，日本時代在夜塾（俗稱暗塾），讀日本語和簡單算數，曾在下霸村派出所協助日本警察太太採買時的口語翻譯。金花阿嬤不識字卻記憶力很好，心算算術很厲害，放牛、農場、家務工作樣樣精通。嫁到西畔村，擔任王家長媳，孝順公婆工作勤奮，受到公公王中和王家長輩的疼惜與肯定。

二十五歲新婚不久的王連居被派至南洋（菲律賓，澳洲北部）當軍伕，離開故鄉二年八個月，生死未卜。當時台灣出征海外大多戰死，金花阿嬤四處求神拜佛祈求保佑丈夫平安歸來，有一次連村內神明都指示丈夫可能已經罹難，村人勸其改嫁，但金花阿嬤堅信丈夫就算為日本國捐軀也會來託夢。因為對丈夫信念堅定，二年八個月後夫婿平安歸國。最後西畔本庄能平安返國的軍伕只有二名，連居阿公是最有福氣的人，阿公阿嬤還是感謝村內萬聖宮夫人媽庇佑能平安返國。

阿公的日本姓名為太原勝澤，在南洋當軍伕時曾擔任伙房負責廚務，因此連居阿公很會做菜。每年冬天阿公總會親自烹煮熱騰騰的土羊肉湯讓出外讀書工作的子孫進補。丈夫

在南洋當兵期間,金花阿嬤為了養二個兒子永昌、永仁(我的爸爸),在日本軍事動員物資缺乏年代,四處撿稻米、地瓜,冒險徒步走到田中、二水等大站做粗糠走私買賣養家。戰後生活艱困,跟著丈夫開墾田園,撿石頭,顧田水,家庭內外操勞。連居阿公南洋出征回來,每日拼命耕墾西畔溪底田園,1965年兄弟分家,阿公與阿嬤從西畔本庄遷至溪底現址,帶領未婚子女永仁、永作、仍慈、仍修一起離開西畔村本庄,來到溪底聚落定居,胼手胝足,建立家園。

金花阿嬤勤儉養家,開墾打拼,跟行商組團走遍全國各偏鄉,挑擔賣冬粉、米粉、蜂蜜等雜貨,有膽識有能力,協助丈夫添買新田園,蓋二次新房子,娶好各房媳婦。夫婦倆曾經擔任謝許英省議員(人稱產婆英)牧場管理員二年多,幫忙照顧農場和養牛,忠誠盡職。金花阿嬤因為丈夫王連居擔任鄰長,開設連金商店;金花阿嬤雖不識字,可以騎腳踏車親自到菸酒公賣局批貨載貨,是優秀的銷售人員;金花阿嬤因為賢淑,談吐不俗,因此常受邀擔任左鄰右舍親友的媒人,幫助超過五十對的姻緣。

金花阿嬤在威權年代就為溪底河川土地的公地放領等農民權益參與農權會組織,跟村民走上街頭,在各種抗爭活動和民主運動場合中常常藉著賣肉粽、米粉傳遞消息,人稱「金花姑,彰化肉粽婆」,是少見為守護土地,默默參與草根民主政治運動不遺餘力的女性農民。因為兒子媳婦都需四

處做工賺錢養家，夫妻倆更挑起孫子的隔代教養之責。舉凡孫子輩的上學註冊，買書包、制服，考試、畢業典禮、當兵面會等孫輩的成長活動都由金花阿嬤代表參與，是孫子眼中的超級阿嬤，內外孫子女都感受到她滿滿的愛與疼惜。

當年來到西畔溪底，連居阿公跟柯約老先生奉玄天上帝指示一起到松柏坑採回茄冬樹種植並協建西畔本庄土地公廟。而這棵茄冬樹也常常被當作是藥引，幫助過無數的人，連居阿公敬奉土地公如父母，每天都會替土地公上香，祈求保佑全庄和一家大小平安。

1967 年連居阿公和金花阿嬤開設連金商店，並擔任西畔

連居阿公和金花阿嬤。（筆者提供）

村十六鄰鄰長，三十多年，熱心公務，樂善好施。連居阿公他奉守日本精神，每天一定穿好襯衫皮鞋，認真顧雜貨店，童叟無欺，濟弱扶傾。因為當兵南洋海外的經驗，所以連居阿公很能吸收新觀念，並勇於嘗試新科技事物，是孫輩心中永遠第一名的馬蓋仙阿公。例如他創先蓋廁所化糞池，買牛車、耕田器具，蓋土角厝，買村中的第一部摩托車、第一部收音機，申請全庄第一支公共電話，八十幾歲還會每天早上打手機電話給孫女（筆者）鼓勵她讀博士班。

　　連居阿公的生活簡單，作息很規律，早上五點起床，騎腳踏車做運動，巡田園，回到家中泡壺熱茶跟庄內早起運動的村人分享，替土地公上香，清掃庭院，栽種盆栽。晚上阿公喜歡聽電台的吳樂天講古。阿公為人慷慨，常常幫助人。雜貨店有一本記帳本，裡面的賒帳，都夠阿公阿嬤倆老再活一輩子，他們也從不去催討，因為阿公的想法就是若對方有錢就會還你了，沒錢你逼他也沒用，所以就當做善事吧！

　　阿公身體一向健壯，健保卡一格也未用，2002年農曆年初中風，開始承受肉體上的折磨，腦部開刀，氣切，右手右腳病癱，不斷搶救與復健。阿公他意識清楚但無法言語，阿嬤親奉湯水並親自陪伴四處就醫四年多，時時陪在病床旁邊，一起唱日本歌，說故事；兩人牽手扶持六十六年，打拼奮鬥，互相照顧相愛一生，在病榻中仍牽手互相關懷，形影不離。阿公阿嬤是歷經戰亂的患難恩愛夫妻。

從小到大看到的雜貨店，很難想像務農的阿公阿嬤靠著這個雜貨店，六十六年來養育了六十六位的子子孫孫。目前雜貨店是由三房的王永作叔叔家持續經營。連金商店跟其他部落的雜貨店一樣不敵便利商店的競爭，生意開始沒落，但仍是當地農民的聚會中心。

雜貨店的持續與陪伴

生命裡有些事情不想再回憶。2015 年於執行烏來樂酷計畫時蘇迪勒颱風和杜鵑颱風重創烏來便是這樣的經驗。根據當時的觀察，因為害怕烏來災害新聞會影響觀光，新聞媒體對災情的報導並不多，因此，風災過後多年，仍有一些店家受損嚴重，迄今仍無法恢復往昔盛況。當時因為政大烏來樂酷計畫的關係，曾陪伴烏來福山里民一起在新店大豐活動中心安置、面對挑戰。災後烏來的重建與陪伴考驗團隊的毅力與信念，迄今，烏來的重建仍在持續進行中。

在烏來其實也有平地人雜貨店家族個案，例如烏來老街的高沛蚶和高標炎父子從日本時代大正元年就先後在烏來經營雜貨和溫泉旅社，並總理烏來地區貨物商品的輸入，這些以平地人資金為主的烏來老街山產交易和產業發展，跟當地各村的部落雜貨店呈現一種共生的現象（王雅萍，2024）。

新北市烏來區忠治（桶壁）部落堪稱是距離大台北區最

近的泰雅族部落。隱身在忠治部落一隅的「獵人雜貨店」，並非是販賣一般商品的雜貨店，而是一座「山林生態知識」的秘密教育基地，主人翁田錦郎（我們都稱他田爸）和田原父子都是泰雅族獵人。田原一家人剛好就是蘇迪勒颱風的受災戶，透過雜貨店計畫看到泰雅族人的山林智慧與遇到風災困頓再出發的生命力與生活韌性。

持續發揮社創魔力的雜貨店 2.0

雜貨店計畫為跨領域合作，為促進校內師生更理解雜貨店計畫，由各老師安排各店長到場域進行相關合作課程，原本就是政大 USR 計畫「文化智帶」的風巢據點推廣認識多元文化教學基地的概念。

烏來桶壁角和復興雪霧鬧雜貨店在 2023 年初開始順利運作，但經費核銷的方式，雜貨店須跟學校簽訂相關租賃契約，需要各層級長官書面文件核可，目前都漸入佳境。復興「雪霧鬧雜貨店」和「樹不老共享店鋪」，的確在 2021 年比較活躍。2020 年 12 月「樹不老共享店鋪」在當時社會實踐辦公室的陳誼誠博士和張仰賢博士的智慧共享平台測試上線，該平台主要供部落一百五十六名族人使用。「樹不老共享店鋪」智慧共享平台包含兩大功能，「網路商城」可統整金流與訂單資料，採先付款後到貨的方式，使農民不必反覆查帳

等繁瑣作業，還會幫忙拍照、美化、上架。2022 年底因為在地青年遇到組織人事瓶頸，略顯滯緩，後經本雜貨店計畫 2023 年的協助店長與導入本校資科系和資管系師生的相關專題研究課程連結，促使雪霧鬧做出了寒暑假山上學校的學習品牌，以及串連各種物品的運補資源系統，並促成跟本校合作社農產品販售的新合作模式。

有關桃園忠貞社區第三處雜貨店和第四處的基隆清真寺的雜貨店計畫，依照原計畫是在第二年開始運作，因為補助經費的規模限制，經費只夠有三處雜貨店設置店長。目前雜貨店運作順利，各有特色。其中烏來忠治的獵人雜貨店整理調查整個烏來的所有雜貨店，進行獵人家族獵場運補系統的社會資源整合，開展成山林智慧的新視野與新高度。第四處的基隆雜貨店由邱炫元老師高教深耕計畫的 USR 經費支應，跟當地清真寺雜貨店合作，建立了親職教育人才培育場地。

回想童年陪伴家人長大的連金雜貨店，以及這二年穿梭在原住民族和新住民移工群聚的清真寺周邊雜貨店，真心覺得「雜貨店不只是店鋪，更是村落與社區運作的新型營運中心」！雜貨店計畫打造傳統雜貨店成為在地原住民族及新住民社區資源的整合平台，不只賣貨品，更是進行社群鏈結、貨物運輸、社福資源、高齡照顧、資訊溝通與縮短數位落差的順路經濟的社會實踐據點與社創營運中心的新據點。

後記：雜貨店的在與不再

雜貨店計畫號召共筆寫作本書有二個原因：首先是這二年來在執行教育部 USR 計畫中，雜貨店的大小事經常是社責辦辦公室裡的主要話題，同仁聽過烏來桶壁角部落田原店長的獵人雜貨店，原來他是在外婆雜貨店的類安親班養大的小孩；還有認識復興雪霧鬧部落飛鼠店長夫妻，同心返鄉打拼露營區以及他們遇到胡財源導演等朋友以後開辦的山上學校。

龍岡忠貞社區的 Sophie 理事長、秀柱店長、閃妹店長、助理王梅、地瓜葉分享的雜貨店田野調查經驗，看似平凡的雜貨店經營日常背後有許多不為人知的泰雅山林智慧；多民族先後來定居的龍岡忠貞社區有來自滇緬新住民的大時代巨輪下的遷徙心酸，交織著眷村改建後的大手拉小手的新社造篇章。烏來年輕織女玉玫寫出政大學生和國際賓客常常參訪的瀑布路一號小雲老師家，這裡是政大烏來樂酷計畫時期，廣告系陳文玲老師帶著 X 書院學生跟周小雲老師一起研發泰雅織布小書籤的傳說中聖地，然而尤蓋工坊的前身是「東昇特產店」，這裡孵育著老闆娘「蜘蛛 Yokay」的織女夢；月華老師從政大烏來樂酷計畫部落專案經理，十年蹲點烏來不離不棄，用相機記錄烏來編織協會織女老師們的活動點點滴

滴,也巧手學會織布晉級織女老師。詩人阿赫的媽媽原來在七張犁墓園附近的違建社區開了多年的雜貨店,墓園賣金紙聽爸爸媽媽說鬼故事的成長經驗讓人嘖嘖稱奇。有一次暑假加班趕工,跟達悟族的助理薇玲在操場走路運動,聊起自家在濁水溪畔土地公廟旁的連金商店,不只是歷經日本殖民的阿公阿嬤胼手胝足打拚的家園,也是方圓七里內農民聚會中心,勾起薇玲分享她 2016 年返鄉在部落剪輯紀錄片時,協助姑媽在東清灣前顧雜貨店的經驗與故事,剛好記錄了 2017 年東清灣前蘭嶼第一間便利商店開設前鮮活的部落生活樣貌。2024 年夏天陪伴泰國法政大學「柚子」、「冰」、「棒」三位暑期來台實習學生首發團,則刺激出貞蒨助理的東馬古晉客家雜貨店故事,她拍的田野照片有著滿滿東南亞香料味。

其次是團隊在 2024 年 8 月 7 日接受教育部 USR 推動中心的訪視,辦理執行經驗分享的一整天交流會,當天特別錄製參與計畫的老師們的心得與反思,做為團隊撰寫第三期 USR 成果報告書使用。這個錄製行動意外醞釀出蔡子傑老師、邱炫元老師、傅凱若老師和陳乃華老師,書寫帶領學生投入雜貨店計畫場域實踐後彌足珍貴的跨域對話。

本書雜貨店裡面的十六篇故事交錯,雜貨店編織出社區內部與外部的各種網絡,顯影隨著時代改變,各地的故事跟著翻新,有的故事消逝在人們的記憶中,相信未來,雜貨店將持續發展與創新。

桶壁角部落空照圖。（筆者提供）

烏來大桶山與「獵人雜貨店」的秘密

|田　原
烏來大桶山「獵人雜貨店」店長、國立政治大學原專班碩士

kayu' 大桶山

　　大桶山位於新北市烏來區最靠近都市的邊界，孕育了泰雅族南勢溪流域的桶壁部落，桶壁部落主要以泰雅族人

所組成，清代時期族人稱為 kayu'（熬酒桶山），日治時期稱之為桶壁社，國民政府來台後稱為忠治村，因台北縣升格為直轄市之後現今稱忠治里，戶數為五百六十四戶、人口為一千八百七十五[1]人，忠治里可分為堰堤與桶壁兩大社區，獵人雜貨店正坐落於大桶山壁之中的桶壁社區，桶壁（Tampya）部落的大桶山地形相似酒甕（宋神財，2013），因此過去祖先稱之為「kayu'（甕）」。

桶壁部落遷徙簡述

從當代泰雅族語的分類來看，烏來區屬於賽考利克（squliq）語群馬立巴（mlipaq）系統的南勢溪流域（llyung mstranan），文獻紀載烏來區的泰雅族祖先從發源地（Pinsbqan）一路往北遷移（烏來鄉誌，2010），經桃園復興鄉爺亨部落一帶後，約 1650 年左右由亞維‧布納（Yawi‧Puna）翻山越嶺經由拉拉山率先到達烏來，並在現今烏來區的大羅蘭溪與馬岸溪定居（宋神財，2013），而後開始孕育出新北市烏來區南勢溪流域的泰雅族群，烏來區有五個里，其中由南勢溪串連起四個里，有福山里、信賢里、烏來里以及忠治里（桶壁），而孝義里則唯一不是泰雅

1　參考烏來區公所網站 https://www.wulai.ntpc.gov.tw/home.jsp?id=8c4540120c916d8b（最後瀏覽日為 113.10.22）。

族遷徙下形成的聚落，孝義是過去在日治時期時，伐木業勞工主要的居住區域，以漢人為主，大多來自三峽、鶯歌、大溪等（宋神財，2013），本章節除了孝義以外將以泰雅族四個部落區域介紹為主，由烏來區南勢溪流域（藍線）的流動方向，從南到北來做以下介紹：Tranan 德拉楠部落（福山里）、Lahaw 拉號部落（信賢里）、Ulay 烏來部落（烏來里）、Tampya 桶壁部落（忠治里）。

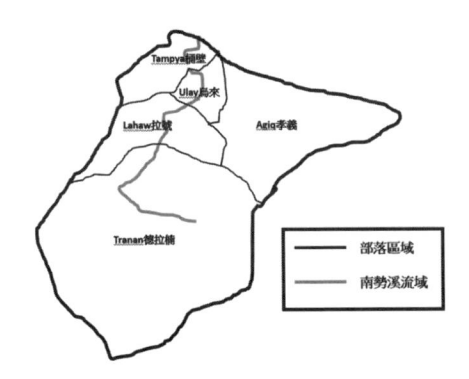

南勢溪流域部落分布圖，引用（田原，2024）

桶壁部落獵人組織

獵人雜貨店在部落與獵人組織的關係，佔有很重要的地位與影響力，從桶壁部落以筆者自身的家族來敘述，以 yutas（爺爺）Batu・Biru（巴杜・比路）的家族有六個兄弟姊妹，筆者的大姨媽 Hweme Batu 家、大舅 Yukan Batu、二

姨媽 Amuy Batu、二舅 Yunaw Batu、媽媽 Pupu Batu、阿姨 Kunyang Batu，而這六個家庭加上子孫輩形成 Batu 家族，至曾孫輩約有五十人左右，通常由大舅 Yukan 代表 Batu 家族參與部落討論，其他家族同樣也有代表參與討論，商議部落獵場、政治、部落權益或其他重大事情。

以部落獵人來說，通常是以「家族（qutux niqan）」為單位形成一個「獵團」，以年紀區分為三種角色類型：耆老獵人（bnkis）、壯年獵人（mama）、青年獵人（mrkyas）。

一、耆老獵人（bnkis）

耆老獵人提供的內容主要偏向部落歷史，包含部落過去遷徙史、獵場的分配變化、曾經遭遇的自然災害歷史、自然資源分布的狀況等，提供部落族人以及學員更廣闊的認知。記得有一次筆者與耆老上山打獵時，筆者追山豬追到一半被耆老大喊叫住，才發現前面竟然是斷崖，還好耆老有叫住筆者，不然筆者可能已經摔下山谷，耆老對筆者敘述過去耆老自己也是差一點掉下去，有老人家跟他說過曾經這裡發生過崩塌；還有一次筆者忘記帶繩子，當需要綁獵物時，耆老告訴筆者在 sabing（山棕）過去一點，會看到 blian yabit（飛鼠洞）的底下拿那種藤（葛藤）來替代繩子，因為與耆老上山的經驗筆者不只對於地形熟悉度提升，同時也增長對植物

分布及植物使用的了解。

二、壯年獵人（mama）

　　壯年獵人主要提供當代豐富的狩獵經驗與示範教學，包括在山林面臨突發狀況時，如何運用自然資源解決的方法，讓學員在學習中可以體悟到泰雅族運用自然生態知識的美妙。隨著耆老一個個身體老邁無法上山，但是他們對山林知識、獵場區域分布與分配都非常了解，會教導中生代的壯年獵人，由壯年獵人繼續帶著青年獵人上山，壯年獵人對於當代獵具或社群軟體以及當代狩獵議題與青年思維比較相近，在教導上有時候比耆老直接教青年來的更容易。

三、青年獵人（mrkyas）

　　青年獵人主要負責帶領學員走進山林，將耆老與壯年獵人敘述的課程實際操作與體驗。青年獵人往往在教學的過程中，產生出對山林知識與狩獵文化的成就；壯年獵人通常做為實作體驗的輔助，在旁觀察青年獵人教學中是否有需要調整的部分，教學後可以另行討論與教導。青年獵人主要跟著耆老與壯年獵人學習狩獵知識，在學習一定的程度後會試著帶著學員走進山林教室，來操作與體驗狩獵課程，壯年獵人也會在一旁作為輔助與指正，而在實際的獵場中，耆老逐步將獵場的部分區域讓青年獨自擔任巡視，一邊實際上山狩獵

一邊在生態教室教學，不僅增加青年狩獵經驗也從狩獵教學中增加對狩獵文化的成就，以上主要針對獵人教師在生態教室中所扮演的角色介紹。

　　Kinga Tazing（給納‧達令）提到一個親身案例，有一次他與漢人同學提起自己打獵的經驗，班上一名女同學半開玩笑地附和：「啊，我昨天也去打獵了！」給納‧達令很驚訝，十分納悶：「女生怎麼可能去打獵？」那位女同學說，「我昨天去超級市場，買了很多『戰利品』（獵物）回家，對我而言，這也算是一種『打獵』啊！」給納‧達令對於這位女同學的「曲解」不以為然，提出反問：「那妳把『戰利品』帶回家的時候，妳會自豪的與別人分享你在超商打獵嗎？會把買來的肉分享給長輩們嗎？」女同學一時為之語塞，當場回答不出來。

　　通常一個獵團會有一個耆老獵人，而耆老獵人會帶著他曾經帶去一起打獵的一至三個獵人，並傳授獵場及獵場經驗給他們，而這一至三個壯年獵人承受獵場時，又會再培育青年獵人一起進山，當壯年獵人步入耆老獵人後，青年獵人也隨之變為壯年獵人，又會再培育新的青年獵人入山一起狩獵，獵團透過相互分享獵物，來維繫之間的情感與獵場分配的默契，有此可知獵團是一套培育的機制，更是一種傳承的象徵。

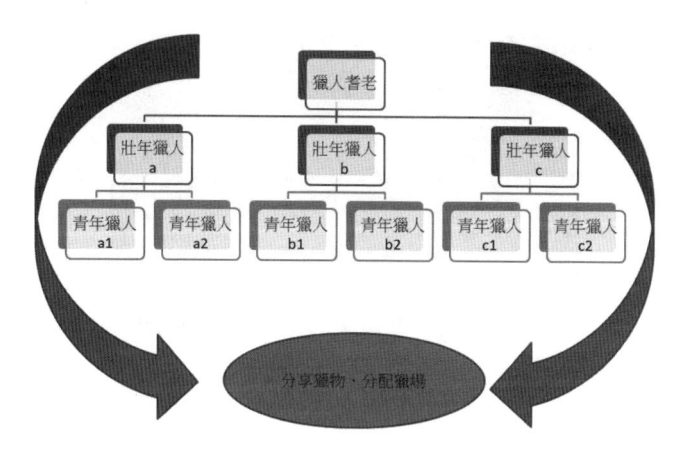

獵團示意圖。（筆者繪製）

桶壁部落的雜貨店

1981 至 2001 年期間，桶壁部落陸陸續續開了五家雜貨店，分別為陳家（Batu）、周家（Nomin）、高家（Sala）、楊家（Syo Cing）、郭家（Koci），其中陳家是筆者的阿公（Batu）、外婆（Yunge）開的雜貨店，在開設雜貨店之前的主要經濟來源靠種果樹賣給商人（漢人），耕種果樹以橘子、香蕉、紅肉李、水柿子為主，之後外銷果類產業蕭條，之後阿公於 1982 年由漢人輔導開創桶壁部落第一家雜貨店，以服務部落為創業宗旨，經營雜貨店成功後開始輔導其他族人開創雜貨店，雜貨店販售價位低，又近部落，所以為部落帶來了便利性，當時部落族人非常尊敬阿公。

桶壁部落阿公的雜貨店。（筆者提供）

　　2009 年父親在部落開了一間雜貨店，名稱為「桶壁角」，因為在土地之中有一個巨石，父親稱這石頭是大桶山石壁露出的一角，所以稱之為桶壁角，2020 年，筆者就讀政治大學土地政策與環境規劃原住民碩士專班時，學習許多部落知識來自於原住民的土地，而筆者在自己的研究論文中，整理部落對狩獵文化中土地帶來的生態知識與特性，田野中發現部落雜貨店提供各種資訊如：社會資訊、空間資訊、產業資訊等。

一、社會資訊

　　雜貨店是部落耆老與長輩 mcisan（聊天）的重要地方，透過聊天當中可以知道其他部落的事情，例如：婚嫁、喪禮、慶典、考取公務員等等，甚至誰車禍、誰住院、誰跟誰吵架，為什麼吵架；誰跟誰和好，又怎麼和好，這些資訊可

以在雜貨店 mcisan 中，聽到不同的部落大小事。

二、空間資訊

　　雜貨店是部落獵人進出獵場的必經之路，最大的原因是進出獵場必須要買祭祖靈的酒、泡麵、罐頭等，部落雜貨店也是獵人從山上回來在部落聚集聊天的地方，大家在雜貨店分享獵場經驗時，不僅帶回獵場的現況，還會分享哪個山頭是誰放置的陷阱、哪個山頭又是誰常帶狗巡獵，這樣的分享資訊過程中，可以清楚的知道部落在山林之中有哪些狩獵空間上的分配，有時候也會聊到哪裡桂竹筍多、哪裡山豬多、哪裡苦花魚多、哪裡適合取水源頭的水，這些空間上自然資源的資訊，在雜貨店裡面成為聊天的家常便飯。

三、產業資訊

　　雜貨店可以說是部落產品的轉運站，獵人收穫、農夫收成、織女作品甚至產業與觀光的結合，締造出烏來觀光產業與文化的基地。隨著政府大力支持「部落產業」與「文化復振」，雜貨店的資訊同時也扮演著重要的橋樑，後面案例分享的部分，將進一步說明。

　　筆者於 2023 年在政大社會責任辦公室（USR）的雜貨店順路經濟計畫中，在桶壁角創立「獵人雜貨店」，提供走讀的遊程，獵人雜貨店（以下文章稱為本店）不僅販售商

品,也透過獵人對部落山林生態知識整理,並結合部落產業做一系列的行程規劃,如:走讀山林、文化手做、體驗活動、當地美食、部落青年座談等等,成為本店對外開放教學育樂的項目,讓來到部落的遊客可以從小旅行中,學習到部落族人在山林生活的生態知識。

部落青年座談會後在獵人雜貨店前合照。(筆者提供)

獵人雜貨店串聯部落建構走讀小旅行

串聯部落獵人是很重要的媒介,獵團之間時常透過獵場合作、獵物分享、共同工作甚至聯姻等關係,彼此之間都認識並互信,所以在桶壁部落獵人雜貨店規劃小旅行的同時,

也時常串聯流域各部落的獵場雜貨店，不論是農產品、獵物醃製品、手工藝飾品等商品外，導覽員、講師、獵人、織女等也時常相互協助，以下以獵人文化、織布文化、生態導覽、雜貨店產品來做介紹。

南勢溪流域雜貨店調查。（筆者繪製）

一、獵人文化

原住民獵人對山林生態及動物習性具備高度的敏銳度及豐富的知識經驗，依循線索痕跡推斷移動路徑，遵守原住民傳統獵場倫理規範。狩獵所承載的文化意涵，包括傳統的土地利用、自然資源、動植物知識、習俗規範、宗教信仰、部

落組織等等，這些許多獨特珍貴的民族知識多蘊含於狩獵文化之內，透過狩獵反思與實踐，讓原住民族傳統文化延續與保存。

二、織布文化

　　台灣原住民族十六族中首推泰雅族最擅長編織，過去泰雅勇士負責狩獵與禦侮，織布、編衣及家務則是婦女重要工作。女子出嫁前，跟隨家族年長女性學習織布，學會才能結婚，善於編織的婦女在族裡具有重要地位受人尊敬。烏來泰雅族織藝近年蓬勃發展，由傳統染織華麗轉身為現代織藝創作，把生命經歷與生活經驗織在作品裡，運用傳統圖騰與當代元素，串起過去與現代。透過部落小旅行，增進民眾對泰雅織布技藝的認識，感受精湛的泰雅族織布工藝文化。

三、生態導覽

　　主要以泰雅族民族植物以及泰雅族常見獵物來做介紹，這是獵人知識中最豐富的生態知識，當然水文、地形、災害、農耕知識都相當豐富，獵人雜貨店主要以植物及動物來做介紹，以下將以表格的方式介紹兩種導覽的內容。

1. 獵人雜貨店──植物介紹

編號	族語	中文	簡介
01	qesu	九芎	燒柴的好木頭，樹皮可起火用，韌性好，適合當陷阱主幹（boli），可以拿來做刀柄、木棍。
02	qesa	小葉赤楠	分布於稜線，韌性強，木質耐用，適合當狩獵刺刀的棍棒，耐久性高於 qesu 九芎。
03	takan	綠竹	綠竹相較桂竹粗厚，適合做建材，綠竹的竹筍稱為 ali' takan，山豬、獼猴等獵物最喜歡吃。
04	bgayaw	姑婆芋	有毒性，碰到汁會導致皮膚癢，如果被蜜蜂叮則可以毒攻毒，也是山豬最喜歡吃的一種植物。
05	qwayux	黃藤	藤編的材料，可做 kiri（竹籃），也可以當過濾雜質的吸管，也常拿來做陷阱的材料，藤心可食，用處非常多元。
06	saping	山棕	葉子可以做綁東西的繩子，喜歡生長在山坡地與峭壁，在狩獵時常當成攀岩的繩索，慶典祭儀時當作祈福的重要植物。
07	wahi	葛藤	常常拿來做綁獵物的繩子，韌性是籐類中最好綑綁的繩子。
08	taliyimo	千年芋	長的很像姑婆芋，但它沒有毒性，且根莖可以吃，是在山林中很好的澱粉。
09	kbubun	水桐木	喜歡生長在溪水旁，果實長滿樹幹與枝幹，獵物最喜歡覓食，又稱「大冇」。
10	kramay	水麻	射魚之前，會在溪邊尋找此植物，拿來擦拭魚鏡的鏡片，防止起霧，果實橘色可食。

編號	族語	中文	簡介
11	hmali huzing	山香圓	做陷阱時，常拿來做 boli（主幹）用，韌性好。
12	spiya	大丁黃	韌性非常好，拿來作為獵弓最佳的木頭之一，也適合當陷阱的 boli（主幹）。
13	llyup	青剛櫟	松鼠、飛鼠、白鼻心等獵物喜歡吃它的果實，族語又可稱 loqi。
14	skaru	烏心石	木質堅硬，常拿來做處理獵物的砧板、建築材料等。
15	ozyuw	烏臼	飛鼠、松鼠、白鼻心等獵物及鳥類喜愛烏臼的果實，木材常用來做搗米的臼。
16	ginoq	箭竹	拿來做魚叉及弓箭的箭。
17	raga	楓香	飛鼠喜愛楓香的嫩葉，也可拿來種段木香菇用。
18	ruma	桂竹	桂竹是製作 tlnga（套頸的陷阱）基本材料，竹筒、弓等，ali 桂竹筍產季為 4 月至 5 月，竹根部可製作菸斗，還可作為建材、家具等材料，ruma 是泰雅族生活的重要植物
19	tana	刺蔥	獵人在深山煮湯用的香料之一，樹幹長滿刺，樹葉搓揉時可聞到香味。
20	makaw	山胡椒	tmmyan（醃製品）、湯品、炒菜等，料理時常使用的香料之一，目前是商業市場中最廣泛的泰雅族香料「馬告」。

2. 獵人雜貨店──動物介紹

編號	族語	中文	介紹
1	yapit	飛鼠	通常夜間出現，飛鼠懷孕大約為 4 月、11 月，母飛鼠在發情時常會尾巴翹高，喜歡吃水桐木、楓香嫩葉、殼斗科樹種等。
2	syuqun	食蟹	喜歡吃螃蟹，所以常在溪水邊，陷阱獵物若腐爛，牠也會來覓食，從靠近頭部兩側有明顯的白色條紋。
3	qbux	果子狸	又稱「白鼻心」，因為從鼻子到頭頂上有一條明顯的白色條紋，喜愛吃殼斗科樹種、水桐木果實、白柚的果實等。
4	piku	鼬獾	鼻子到身體的白色條紋在眉間斷開，是與白鼻心最明顯的區別，喜歡挖土找蚯蚓吃。
5	qci	黃鼬	又稱「黃鼠狼」，有時候陷阱抓到獵物，若獵人還沒有來巡，黃鼠狼就會幫你吃光光了。
6	bzyok	山豬	山豬是烏來獵人們主要目標獵物，喜歡吃姑婆芋、綠竹筍等，也常用鼻子翻土來找東西吃，巡視獵場時，若遠遠看到小崩塌，大多可以猜是抓到山豬。
7	mit	山羊	山羊是泰雅族自古以來獵物之一，喜歡在峭壁陡坡上活動，不管公母頭上都有角，毛偏黑色，腳有前蹄與後蹄，後蹄較小是輔助牠在陡坡行走的好助手，平常獨來獨往，若巡視獵場常碰到兩隻公母一起，代表進入繁殖期。
8	para	山羌	山羌是泰雅族常見獵物之一，聲音飽滿厚實叫聲如「qan（幹）」，公山羌有角，母山羌沒有角，尾巴內側為白色。

編號	族語	中文	介紹
9	yungay	猴子	猴子原本是泰雅族獵物之一，近年來基於猴子與人相似的思維，部落吃猴肉的人越來越少，猴王兇悍攻擊性強，母猴較溫馴，喜歡吃香蕉、百香果、木瓜等果樹。
10	qulih balay	苦花魚	又稱鯝魚，泰雅族主要漁獵的目標魚種，鮮甜又嫩，做適合做泰雅族傳統醃魚，族語稱苦花魚為 qulih balay 意思是「真正的魚」。

四、雜貨店產品

獵人雜貨店產品主要分為農產品、醃／釀製品、手工藝品三大類，主要以部落獵團提供來做成雜貨店在地特色的展現，以下將介紹三項產品：刺蔥粉、醃魚／肉、獵人菸斗。

1. 刺蔥粉 tana

刺蔥是泰雅族不可缺少的調味料之一，常作為湯底的一種植物，但因冬季刺蔥落葉期樹幹無葉子，因此無法取得，獵人雜貨店將刺蔥葉製成粉，方能在冬季時可以繼續食用。

2. 醃魚／肉 tmmyan qulih/syam

醃製食品泰雅族語稱為 tmmyan，tmmyan 主要分為醃肉以及醃魚兩種，最主要是以前沒有冰箱，透過鹽巴醃製來保存食材，甚至有時候狩獵會去比較長的時間時，也是透過鹽巴醃製來保存食材，甚至在深山吃 tmmyan，除了配酒以外

也相當下飯,是獵人在山裡面不可缺的重要食物之一。

3. 獵人菸斗 tuto tbaku

獵人菸斗是過去老人家在山上蚊蟲很多,透過抽菸斗可以驅離蚊蟲,抽菸斗提神以及集中精神之外,還可以彼此相互傳送火苗,當一個族人菸斗有火時,可以透過菸斗的火傳送火苗給另一個族人的菸斗,所以部落只要有一個人有火,整個部落都有火。

結語

獵人雜貨店從獵場與產業的互動中,最重要的不是產品的價值,而是將雜貨店產品視為串聯並凝聚族人的重要媒介,qutux niqan(家族共食)是部落獵人的責任,資源共享不僅是獵物,而是產業在資源分配之中,部落族人有沒有雨露均霑。

若部落因產業發展而失去對文化的保護、尊重、傳承、分享等內涵,筆者相信 Utux(祖靈)將會用嚴厲的懲罰來做回應,最後分享一句族語作為結尾,這是筆者在部落常聽見長輩說:"tnaq lga yasa la",意思為:「夠用就好」,其含義為夠了就不要貪,分享給其他需要的人。

早期店面。(筆者提供)

烏來「瀑布一號」店
——Yokay 的織女夢

| 高玉玫
烏來區尤蓋工作坊店長

揮霍青春如梭，把歲月織在布上

　　在新北市唯一的原鄉，有一條著名的烏來瀑布，瀑布下有個「尤蓋工作坊」，Yokay Payas 老師的織女之路在這裡啟程，像乘坐小船，迢迢漫漫搖曳在德拉楠溪流上，橋頭在

哪裡？直的還是橫的？哪條才是路？方向又在哪裡？還沒找到人都老了⋯⋯，但 Yokay 老師還是堅持著繼續走下去，這樣才能走出自己的路，織出自己的布！

尤蓋（Yokay）在泰雅語的意思是「蜘蛛」，蜘蛛很會結網，大概是這樣子的相似性，讓尤蓋老師在織布機上一織就三十年了⋯⋯。尤蓋老師是我的媽媽，漢名是周小雲，三十八歲開始織布，後來織著織著，我們幾個姐妹們都結婚了，織著織著，外孫們都出生了。媽媽將這段時光都織進了布裡，每一個穿梭都是生活的點滴，經歷歲月的痕跡。

媽媽是烏來部落的泰雅族，土生土長的原住民。這一甲子的歲月，除了高中三年在外求學以外，幾乎沒有離開過烏來。烏來的觀光化很早，所以這裡的泰雅族人也開始學習與傳統狩獵、務農、圈養豬雞等不一樣的謀生方式，有人專以賣冷飲、冰品、紀念品為業；也有族人專門參與歌舞演出；當時還有紋面的耆老或是泰雅姑娘們會讓遊客拍照，再收取小費這樣的賺錢方式。媽媽說小時候跟著舅舅在往烏來瀑布的半路上賣過水，賺零用錢，她和舅舅要擔著乾淨的水，一杯一杯賣給上山口渴的路人喝。

烏來最繁榮的景點——被遺忘的黃金歲月

遙想過去，烏來的白天充滿來來往往的人群，熱鬧了整

個瀑布商圈。日治時期的烏來瀑布還被列為台灣勝景之一，民國以後仍舊有許多日本觀光客來到烏來觀光，除了乘坐台灣第一座空中纜車，欣賞壯觀秀麗的瀑布，還可以搭乘人力台車，更可以在這裡看見美麗的泰雅姑娘。這樣的好山、好水、好經濟條件，吸引了更多非原民移居遷徙到烏來。譬如，台車有台車伕，推一次台車可以賺取台幣十塊錢，這在當時是很豐厚的酬勞，也因著外族人越來越多，烏來瀑布現今只剩寥寥幾家是在地原住民產業。

強勢文化與知識落差影響，行政作業疏失甚至後來林務局在土地上的規範，在當代損害了許多族人的權益，至今也都不可考，並且也無法挽回了，幸好，我的祖父很有遠見，在當時守住了現在瀑布一號這個產業，才能傳承下去。

十八歲——進入婚姻生活，接手家族特產店

高中畢業後媽媽曾想繼續升學，但因為家裡還有兩個弟弟需要上學，後來只好聽從父母的安排，進入婚姻。當時是祖母看中媽媽很適合當高家的媳婦，兩家相談後親事就讓長輩們定下來了；媽媽常說，那時候爸爸很奇怪，明明自己家也有電視，還一直到她家裡看電視，原來，是早有「預謀」，最後順利地把媽媽娶回家了！

十八歲正值青春年華，Yokay 就進入婚姻生活，於 1985

年3月8日接下了祖母這間「瀑布一號」店面，早期就只是賣冰、賣飲料、賣紀念品這些商品，還有一些民族風格的服飾、菸斗、展示刀、獸皮，以及具有中國風的各式產品；因為當年來到烏來的外國觀光客，只要是黃種人都被外籍遊客歸類為中國人，所以還有賣中國旗袍，甚至是李小龍Q版拳擊手小玩具等紀念品。這些商品都是廠商來到店裡，發現瀑布這裡人來人往，是個很不錯的銷售點，爭先鋪貨到這一帶的店家。所以不難發現，整條街賣得商品幾乎都一樣，店家們甚至還會為了搶客人而削價競爭。

小時候三姐妹常常當媽媽的模特。（筆者提供）

路上的遊客也會被兜售紀念品的婦女們說服著購買商品，不然就會一直跟在客人身邊纏著不走，各種商業手法在這小小的街道上都看得見。外國觀光客很多，不論從日本、美國甚至歐洲，都經常遇到，這也練就了 Yokay 勇於嘗試說不同語言的功力，還有辨識客人的能力，一看就知道從哪裡來的，需要用哪一國語言打招呼。烏來在當時真的是最早國際化的原鄉。

　　Yokay 說當年接下店面的時候，周邊的店家看她是原住民，就認定她很快會倒閉，等著看好戲，但 Yokay 倔將不服輸的個性，硬是把店給做起來了，一做就是四十年，用能力來證明原住民並不是被看扁的，在那個年代是真的很不容易，媽媽一定是遺傳到了外公周萬吉的性格，特別的堅持與努力。

　　由於住商混合，媽媽經營店面也兼著照顧小孩，常常在寒暑假問我們這些小孩「要賣什麼呢？」店面一半的空間仍然販售紀念品，另一半的空間就是冷飲、冰品與其他心血來潮的商品販售區，印象中光是冰品就從霜淇淋、雪泥冰賣到刨冰、雪沙冰，最後是冰淇淋、冰棒，其他也賣過爆米花、蔥抓餅、水煮玉米、雞排。媽媽真的很勇於嘗試新事物，跟著小孩一起求新求變，最後因為二姊想要開咖啡廳，這間特產店開始做起咖啡廳生意。

蜘蛛好學——求知若渴,成為榜樣

或許是因為當年只讀到高中就無法再升學,Yokay 特別把握每個可以學習新事物的機會,學過製作假花、絹印、拼布、甚至還訂購一整套縫紉的書籍,也學過陶藝,做了幾個獨一無二的甕,但這些技藝都因為家務事而不得不中斷。記憶中,媽媽只要報名課程下山去學習新事物,家中就會有突發狀況,總不能一直請假,只能選擇放棄;或許是蜘蛛天生很會織網,所以 Yokay 最後在學習織布的路上,一織就不曾停下過。

1997 年,烏來跟上了文化復振的風潮,烏來鄉公所開設織布家政班,讓部落婦女在自己家鄉就可以有學習的機會,不用跑到山下;為了讓部落婦女更有意願及動力學習織布這門技藝,短短幾年,公所就輔導了許多工作坊成立,媽媽也在那時候成立「尤蓋工作坊」。

當時媽媽是家政班的班長,她發現「織布」這件事可以讓婦女們傍晚下班之後待在家裡,邊織布邊照顧小孩,有事情做就不會亂跑,覺得是一個可以長期投入的興趣,也可以發揮創意。後來她也參與推動成立了烏來區原住民編織協會,集結部落中許多會織布、想織布的婦女加入共學的社團,到現在烏來編織協會還沒解散,是烏來區長壽的協會之

一。

　　Yokay 後來也去技藝中心、大學進修，為了更加深入了解自己的織布文化，也跟著幾個同好一起去考究溯源，甚至是重製織布文物，那是媽媽在學習織布旅程中對織布最為著迷的時期。這些技能知識與經驗融會貫通，幫助媽媽在學習新知或是嘗試使用不同的技法時，更能夠快速理解，進一步運用到課堂教學上。

場域也會「變臉」特產店？工作坊？展場？

　　因為織布的關係，Yokay 開始正視自己的文化，開始認真使用 Yokay 這個名字介紹自己，也介紹泰雅族的織布文化。「尤蓋工作坊」坐落烏來瀑布商圈，可以近距離接觸到遊客，2010 年編織協會申請了多元就業方案，租用媽媽的店面，一方面可以將編織產品販售出去，另一方面也透過多元就業輔導計畫讓部落婦女可以有工作的機會。可惜，多元就業輔導計畫結束後，無法自給自足，販售部就退租了。

　　整個尤蓋工作坊後來就成為複合式的經營，店面總是會有不同的樣貌，隨著 Yokay 學習的腳步與創新的構思，工作坊會出現織作地機需要的矮木床，需要大面積空位擺放的織布機，需要很多矮櫃放置各種材質的線料，還要有高桶子裝織布需要用的工具器材、整經架、小型織布機、簡易織布機

等各式各樣讓人眼花撩亂的機具設備。

因為工作坊同時也是家庭的生活空間,當 Yokay 在織布的時候,就是工作空間;當假日客人多的時候,變成販售空間;有遊客訂製遊程做體驗學習的時候,又變成教學空間;協會辦紀念展的時候,又成了展覽空間。工作坊多變的面貌,如同 Yokay 多變的創意,總是變化多端,不受拘束,以至於常常有客人以為這是一間新開的商店,其實只是因為擺設變換罷了。

織布旅程三十年──除了織還要染

Yokay 從三十八歲初學織布至今六十五歲,用尺量量也不過約一尺,將近三十年的歲月裡,她不懈怠的精神總是成為子女的榜樣。堅持織布是一件很不容易的事情,但她總是能變出新花樣,也讓子女在她織布當中做了協助織作的配角,耳濡目染之下,下一代對於織布這件事情就一點都不陌生了。

除了織布,Yokay 特別喜歡大地植物染色,從薯榔染出咖啡色、大菁染出綠藍色,都是讓人驚喜的學習時刻,再將染好的線材拿來織布,做出的成品更是讓 Yokay 充滿自信。這些歲月的點點滴滴,像梭子一般把 Yokay 的青春年華通通編織了進去。

常常織布織到一半,就懷疑是不是哪裡有錯,其實 Yokay 也曾經因為旁人的不解而質疑「為什麼要繼續織布?」「織的是傳統還是現代?」「這塊布的主題是?」「織紋的意義?」這些種種的問題是困擾也是養份。但就好像蜘蛛吐絲結網那樣,織布變成是天生的技能,Yokay 人生的這塊布匹,沒有因此而纏住,依舊繼續往上織著。原來,她織的是快樂,人這一生要做讓自己開心的事情,把握時間做喜歡做的事情,就沒有煩惱了。

角色的距離,愛的零距離——從媽媽織到變成外婆 yaki

Yokay 在 2007 年就升格當上外婆,她會邊織布邊顧著孩子們,讓編織技藝這件需要努力復振的文化,在孩子們的生活裡成為一件稀鬆平常的事情。從 2013 年開始,就一年一個外孫出生,一直到 2018 年家族最小外孫出生為止,不知不覺,Yokay 多了許多白髮,老伴退休成為護花使者,除了自己山上的工作,也會幫忙找染材,Yokay 也依舊認真的染線織布。

2016 年我(筆者)也攜家帶眷的回家了,起初只是因為生兩個孩子,想想還是自己帶大,不花錢請保母才打算回到家鄉。但作為一個返鄉青年,還是得要發揮自己的價值,不然就浪費了。當時是蘇迪勒颱風災後重建時期,道路斷的

斷、修的修,雖然交通不便,卻是個很適合小孩生活的環境,那真的是「慢活」的時期,雖然沒有收入,卻充分融入彼此生活,孫子孫女除了看外婆織布,有時也會跟著外婆、外公去山上拔大菁,學會爬崎嶇的山路,看阿公造林的美景。那時候瀑布路上沒人沒車,商業上完全是空白的時期,但生活上與心靈上還有與外公外婆的關係,卻是最豐富的。

返鄉青年的出路——「板」娘「柱」唱咖啡廳

烏來瀑布的觀光每隔幾年就大洗牌一次,小時候的印象裡,媽媽常常在數遊覽車有幾台,而現在能停滿遊覽車就偷笑了!記得烏來觀光是從 SARS 之後開始沒落,沒有外國觀光客、水源保護區設立禁建法令,導致雲仙樂園帶動遊客的力道減弱,再加上各地纜車的風行,特別是木柵貓空纜車,以及讓烏來成為孤島的蘇迪勒風災,還有 2020 年的新冠疫情⋯⋯,對於烏來每一次無疑都是重擊。整個烏來商圈經歷時代的變化、遊客消費方式的改變,都是挑戰,但也讓我們知道與時俱進的重要性,找到自己的優勢與獨特性,才能生存下去。

除了了解客人的需求以外,其實更要了解自己的需求。在蘇迪樂災後重建幾年之後,地方政府努力推廣帶動,希望重回觀光榮景;但是,媽媽重視家庭關係的觀念,也傳承到

女兒身上,所以我們找到了平衡點。假日白天是遊客享受工作坊、咖啡廳場域的時間,日落後回歸家庭生活,經營的是彼此的情感。沒有什麼比家人更有價值!

　　店面容客量不大,幾乎都是戶外區,常常被路過遊客忽略,於是利用自己歌聲的優勢,不可被取代的唯一,我「板娘」有時間的時候,會站到「柱」子旁邊唱歌,用「板娘柱唱」的方式,吸引遊客到店內消費,聽歌。除了品嚐馬告咖啡、招牌鬆餅、板娘手作蛋糕、小憩以外,店裡還可以看到爸爸的木雕、媽媽的織布染布,吸引有興趣的客人,讓更多人認識烏來的泰雅族。間接多了預約體驗 DIY 的機會,透

現在的場域織布機體驗。(筆者提供)

過教學可以了解織布技藝與延續的必要性!

織布的 imi(意義)——身為泰雅的驕傲

　　記得十年前,國立政治大學的老師們開始在烏來這塊土地上,細細觀察默默耕耘。很謝謝當時的老師們願意接觸在地的織女,也為織女們留下很多重要的紀錄。Yokay 也在這時認識了許多政大的老師,不僅與老師們研究設計出泰雅織布小書籤,用簡易的方式讓初學者可以快速理解織布的原理。也透過學校學術的視角,回看自己正在經歷的織路,也因著學校的關係,讓織女們可以走出烏來到泰國、日本、美國等地參訪,與各地織者們交流,甚至看到早期泰雅族織布的收藏品。這些歷程都讓 Yokay 肯定自己身為織女的驕傲,學習織布技藝或許是好奇、興趣,但更多需要耐心,若能繼續傳承「織女」這個身份,就能賦予更具重量的意義。

　　既然織布這麼重要,身為編織老師的女兒(筆者),一定更有體悟,媽媽說「我沒有要求妳要傳承什麼的……」,我明白媽媽是不想要給我壓力,而我也想試試自己可以走多遠。外公周萬吉是勤勞、努力、堅持最好的典範,我的媽媽也是,她一直做自己想做的事情,而我也在路上努力中!

　　返鄉已經八年,除了從「慢活」生活裡蛻變,找到「尤蓋工作坊」與「瀑布咖啡廳」經營的平衡點,與家人一起編

織生活點滴，已是我最大的幸福了。對於文化的傳承我想要像媽媽那樣，織的是快樂是幸福。

2024 年，政大 USR 計畫與尤蓋工作坊再次合作，這次由我用女兒的角度將 Yokay 老師的作品搜集成冊，在當中翻閱了數百件的作品，從作品中認識媽媽的另一個樣貌，更美、更自在的一個展現，很幸運的可以回到家鄉。

在這個場域裡，除了讓遊客看見現代泰雅族的生活方式與商業的經營模式，體現我們依然努力地保存自己的技藝知識外，也在努力與世界接軌，期盼未來更多來到「瀑布一號」的遊客，除了聽歌享受，更能認識這個有堅韌靈魂的泰雅民族。

飛鼠先生舉辦地方創生交流會。（筆者提供）

雪霧鬧「飛鼠先生」的（雜貨店）大夢

| 胡財源

金鐘獎節目導演／製作人

第一部：空拍初遇，飛鼠夢的萌芽

　　故事的開頭常常帶著一絲巧合與驚喜。就像我的職業生涯一樣，我經常跑遍台灣的各鄉鎮市，製作外景節目、捕捉各地的風土民情與人文風貌。當時，我接到一個來自桃園復興區的拍攝邀約，請我前往一個部落露營區進行空拍。這是

個我熟悉的場景，部落、露營、攝影，三者似乎構成了一個非常典型的故事。然而，當我到了雪霧鬧部落時，一位年輕人改變了我對這個地方的想像，他就是卓暐彥，部落裡人人口中的「飛鼠先生」。

飛鼠先生，那時三十出頭，但他展現出的領袖氣質和洞察力，讓我一下子就對這位年輕人產生了極大的興趣。當時的他，已經開發了一個別具特色的露營區，這個露營區並不是單純讓人來過夜的地方，而是他希望通過這樣的方式，把城市中的人吸引到這片神秘而美麗的土地上，體驗泰雅族的文化，重新連接與自然的關係。這個概念讓我不禁想起了很多都市人總是渴望逃離繁忙的生活，回歸自然，但卓暐彥的夢想並不僅限於此，他希望透過這樣的體驗改變整個部落的未來。

當時我帶著無人機進行空拍，飛鼠先生站在一旁，雙眼裡流露出對未來的憧憬與決心。他的露營區並不大，但他將泰雅族的傳統文化與現代的戶外生活方式融合在一起，形成了獨具特色的體驗。我問他為什麼選擇露營作為改變部落的方式，他告訴我，這裡的自然環境和文化是最大的財富，但如果沒有人來，這些美好也無法傳達給外界。他的回答讓我意識到，這不僅僅是一個年輕人的創業故事，而是對部落未來的一份承諾。

第二部：飛鼠不能飛，但學會了「空拍」

　　飛鼠先生有一個有趣的綽號——飛鼠。當我第一次聽到他的名字時，我忍不住想像他是不是擁有某種像超人一樣的能力。飛鼠？是不是能像漫畫裡的角色一樣在天空中滑翔？但事實證明，飛鼠先生雖然不會飛，但他對天空和高空視角充滿了嚮往。當他看到我操作無人機時，那股熱情和專注讓我瞬間明白，他不僅僅是在觀看一場演出，他想要學習這門技術，並且將它運用在他自己的夢想中。

　　「我不會飛，但無人機可以幫我飛。」卓暐彥笑著對我說，他對空拍充滿好奇，這似乎成為了他實現夢想的翅膀。他從我這裡學到了操作無人機的基本技巧，開始自己拍攝營地和部落的全景。他的每一張照片都不僅僅是畫面美麗的紀錄，更是一種新的思考方式。他告訴我，空拍不僅能幫助他展示這片土地的美麗，還能以一種新的視角俯瞰部落的未來。

　　然而，空拍對飛鼠先生來說，不僅僅是拍出壯麗的景色，它更像是一種思維轉變的工具。他開始思考，如何利用這種新的技術帶來更多的創新。他的心中充滿了各種點子，從建立部落文化的數位博物館，到利用空拍影像進行部落生態旅遊的行銷。他總是笑著說，他不能飛，但他的夢想已經開始展翅飛翔。

第三部：露營之外的夢想——數位轉型的初體驗

在與卓暐彥的接觸中，我逐漸發現他的夢想遠遠不僅限於露營區的經營。他對部落的未來有著更深的思考，他想要通過數位化轉型來縮短部落與城市的距離，讓更多的人能夠參與到部落的活動中。

卓暐彥開始著手開發一系列數位應用程式，讓城市中的人能夠更方便地購買部落的農產品，並通過線上活動了解部落的文化與歷史。他的目標是將傳統文化和現代技術結合，讓部落不僅僅依賴於外來遊客的收入，還能利用網路拓展市場。

然而，這條路走得並不順利。部落的年輕人大多已經外出打工，留在部落的主要是一些年長者。這些長者對新技術和數位工具的接受度不高，飛鼠先生卓暐彥每次推動新的想法都面臨著重重阻力。但他並沒有因此放棄，他知道，只有不斷地嘗試，才能讓部落在這個數位化的時代中找到自己的位置。

他說：「部落裡的人不需要害怕科技，我們需要的是找到一個平衡點，讓文化和科技共存。科技能夠幫助我們更好地保存和傳承文化，而不是取代它。」

飛鼠先生卓曄彥了解在地產業與農民合照。（筆者提供）

第四部：山上學校——讓下一代看到希望

　　儘管面臨諸多困難，卓曄彥始終堅信，部落的未來不僅僅是經濟的發展，還在於文化的傳承與教育。他認為，讓部落的孩子們重新認識這片土地的價值，是改變未來的關鍵。因此，他決定創立一個名為「山上學校」的教育計畫，專注於讓部落的孩子們從大自然中學習，並重新接觸泰雅族的傳統文化。

　　「山上學校」並不是一所正式的學校，而是每一年定期舉辦的文化營活動，旨在教導孩子們如何狩獵、如何編織、

如何製作傳統泰雅族工藝品。他希望孩子們能夠從這些活動中學到一些現代新的知識和技術，更重要的是對土地的尊重和對文化的驕傲。

這項計畫引起了許多志同道合的朋友和專家的關注，甚至吸引了政治大學的教授們前來合作。他們為「山上學校」提供了豐富的教育資源，並與卓暐彥共同設計了「順路經濟和雜貨店」的計畫，讓部落的農產品能夠進入到城市的市場，並直接銷售到大學福利社，這不僅提高了產品的銷售量，也讓城市人有機會更了解部落的文化和故事。

飛鼠先生卓暐彥創辦山上學校的各式體驗。（筆者提供）

第五部：雜貨店的誕生，拉近人與人的距離

飛鼠先生的下一步計畫，出乎意料地不是開發更多的露營項目，而是開設一間小小的雜貨店。這間雜貨店的誕生，並不是單純的商業行為，對於部落來說，這是一個社交的中心。在這裡，大家不僅能買到生活用品，更可以互相交流、分享生活中的點滴。

雜貨店成了部落的「小客廳」，無論是早晨的咖啡時間，還是午後的閒聊，飛鼠先生總是忙碌地在店裡穿梭，歡迎每一位進店的客人。他相信，這樣的一個空間，能夠拉近人與人之間的距離，讓部落的生活更加緊密。

這間雜貨店的特色在於，它不僅販售日常生活用品，還將部落的手工藝品和農產品展示在架上。飛鼠先生知道，許多來到露營區的遊客對泰雅族的文化感到興趣，但並沒有一個直接的途徑去購買這些產品。雜貨店正好解決了這個問題，讓遊客可以方便地買到部落特色的商品，同時也增加了部落的收入。

然而，飛鼠先生的野心並不僅僅是經營一間普通的雜貨店。

飛鼠先生卓暐彥的雜貨店和營區成為在地農特產的銷售平台。（筆者提供）

他希望這間小店能成為部落與外界的橋樑,於是他進一步與政大的福利社合作,將部落的產品帶入校園。這樣一來,部落的農產品不僅在本地銷售,還能夠進入城市市場,進一步提升了部落的經濟活力。

雜貨店的模式,讓飛鼠先生感到欣慰,但他知道這還只是個開始。他希望通過這間小店,能夠吸引更多的人來到部落,甚至讓一些外地人也愛上這裡,願意長期定居,共同發展部落。

第六部:團結與共創,飛鼠先生的未來之夢

隨著露營區和雜貨店的逐步發展,飛鼠先生的名聲越來越大,許多外界的人開始注意到他和他的部落。然而,飛鼠先生始終保持著謙遜的態度。他深知,部落的發展不僅依賴於一個人的努力,還需要整個社群的團結合作,甚至需要外界的力量來共同支持。

飛鼠先生露營區初期的黑烤柿子披薩活動。(筆者提供)

有一次，我對飛鼠先生提出了一個問題：「如果部落的年輕人不夠，為什麼不考慮吸引更多外地人來到這裡，甚至留在這裡生活呢？」這個問題讓飛鼠先生陷入了深思。他認真地考慮了這個建議，並逐漸形成了一個全新的夢想——讓更多城市裡的人能夠來到部落，不僅是來參觀或短暫停留，而是深深愛上這片土地，願意留下來共同生活，共同創造部落的未來。

　　這個夢想並不是一個短期目標，而是一個需要長期努力才能實現的遠景。飛鼠先生開始尋求更多的合作夥伴，無論是來自學術界的教授，還是企業界的創新者，他都希望能夠通過跨界合作，為部落注入更多的新能量。他也積極參與各種部落發展會議，將他的經驗分享給其他部落，期望更多的部落能夠一同進步，共同成長。

第七部：回到心靈的部落

　　隨著事業的發展，卓暐彥開始意識到，部落的真正繁榮，不僅僅依賴於外界資源的引入和觀光產業的興盛，還需要部落內部的成員具備現代化的知識與技能，才能持續發展。因此，他決定進一步投入到部落教育和培訓的工作中。

　　卓暐彥聯繫了多位來自不同領域的專業講師，將現代技術和商業知識引入部落。他邀請了手機行銷專家，來教導部

落青年如何運用手機拍攝優質內容、進行社群行銷，並善用網絡平台來推廣部落產品。此外，網路應用和數位行銷的課程，也讓部落成員學會如何建立並管理自家的網路商店，開展線上營銷，擴展部落特色商品的銷售渠道。

這些課程不僅豐富了部落成員的知識，也開闊了他們的眼界。許多部落青年開始學會製作行銷短片，利用社交媒體推廣部落文化，並開發適合城市人群的手工藝品，將泰雅族的傳統文化透過現代科技的力量，分享給更廣大的受眾。

這樣的學習和成長過程，讓部落逐漸具備了現代商業競爭力，而這一切的改變，也讓卓暐彥更有信心帶領部落邁向未來。

第八部：地方創生的成功之路

在卓暐彥的帶領下，部落的發展不再只是一個小範圍的成功案例，而是成為了地方創生的典範。他明白，要實現長遠的發展，光靠部落的資源是不夠的，於是，他開始積極申請政府的各種地方創生補助計畫。經過長時間的規劃和準備，部落最終成功獲得了地方創生的資金支持。

這筆補助成為了部落轉型的關鍵點。卓暐彥將這筆資金投入到基礎設施的改善和新產業的培育上，包括擴建露營區、升級數位設備、並進一步拓展部落的文化觀光產業。他

還利用這筆補助，聘請更多的專業導師，持續為部落成員提供進修機會，讓他們不僅能夠掌握傳統文化，也能在現代商業環境中找到屬於自己的定位。

這些努力使得部落的整體經濟環境得到明顯提升，也讓更多外界投資和合作的機會開始湧入。卓暐彥還在計畫進一步擴大部落與其他原住民社區的合作，分享成功經驗，共同發展原住民經濟。

最終，卓暐彥的夢想不僅僅停留在部落的成功上，而是希望透過他的經驗和努力，幫助更多的偏鄉社區走上地方創生的道路。他相信，只有在文化根基上結合現代知識與技能，才能真正讓部落持續繁榮，並將這份成功傳承給未來的每一代人。

飛鼠先生卓暐彥和太太在營區舉辦泰雅文化體驗。（筆者提供）

結語：飛鼠的飛翔之路

　　卓暐彥，這位來自雪霧鬧部落的年輕人，用他那雙充滿創意和行動力的翅膀，帶領他的部落走上了一條前所未有的發展之路。從最初的露營區，到部落雜貨店，再到數位轉型和教育創新，飛鼠先生用行動證明了，無論一個人身處多麼偏遠的地方，只要有夢想和毅力，任何改變都是可能的。

　　隨著事業的發展，卓暐彥也開始反思自己當初回到部落的初心。他經常問自己：「我做這一切的真正意義是什麼？是為了成功，還是為了讓部落的每個人都能找到回家的路？」

飛鼠先生卓暐彥舉辦各種活動活絡地方創生。（筆者提供）

店長參與桃園市觀旅局復興探險節行銷推廣。（筆者提供）

會走路的雜貨店

| 卓暐彥

桃園市復興區雪霧鬧部落「飛鼠不渴雜貨店」店長

　　卓暐彥語錄：「沒有環境就創造環境，我們的努力，是追尋『成功的失敗』，非一次成功，且堅持撐過每一次的最低點。」

　　我叫卓暐彥，小名「飛鼠先生」，生於1981年，育有三子，成長於桃園市復興區的雪霧鬧部落。這片土地不僅是我的故鄉，更是我生命中許多重要時刻的見證。經歷了創業

的起伏與挑戰，我深刻體會到家鄉的價值與潛力。這篇故事將分享我在雪霧鬧部落的創業旅程，以及我對地方創生的熱情與努力。

童年與成長

在雪霧鬧部落度過的童年，這段時光讓我學會了堅持與努力，也培養了我對家鄉的深厚情感。我與大自然親密接觸，這裡的山川河流成為我心靈的寄託。我的父母是勤勞的農民，從小調皮的我因父母的教導，長大後的我學會珍惜每一分努力的過程與成果，同時學會謙卑的態度與人和睦相處。

隨著年齡的增長，我進入了學校，開始接受系統的教育，小學和中學時期，我的學業表現普普，因為我熱愛打球及畫圖，高中時很期望可以讀有關設計的科系，但礙於設計相關科系除了學費之外，還要額外負擔許多繪製的器材費用，因家庭經濟負擔辛苦，最後只能去讀汽車修護科。但是對於知識及進入大學的渴望驅使我不斷探索，一直期待可以進入大學讀書，重考一次後才順利考上屏東科技大學的車輛工程系，雖然不是心中所愛，至少完成進入大學的夢想，這段經歷讓我對未來充滿期待。

創業的挑戰

2015 年,我在台中創業,居然會被自己的親人所騙,導致投資失敗。這段時間,我面臨著巨大的壓力,不僅因為經濟損失,還因為家庭的負擔。幸運的是,我的太太(以下簡稱「飛鼠太太」)始終支持我,讓我重新振作。帶著對家鄉的思念與責任,我決定回到雪霧鬧部落,開始新的創業旅程。

我創辦了「飛鼠不渴休閒露營農場」,這是一個結合自然與休閒的地方。在經營的過程中,我逐漸穩定了業務,並開始思考如何讓更多年輕人了解這片土地的潛力,我希望能夠激勵同輩朋友,讓他們明白只要有心,即使在偏遠的部落也能創造出屬於自己的機會。

地方創生的旅程

隨著露營農場的成功,我開始了我的地方創生旅程。2016 年,我創辦了飛鼠獵人手作漢堡,帶著弟弟一起打拚,這不僅是餐飲業務,更是我對地方文化的探索與實踐的過程。

2017 年,延伸飛鼠手作漢堡。我成為桃園大溪「木樺

博物館」的山上學校主理人,以原住民風格的手作漢堡致力於結合並推廣泰雅族地方文化與教育,好不容易將店面移到淡水真理大學開店,但還是遇到合作的親人欺騙,在處理對員工、店面等的善後之後,最後還是宣佈失敗收店。

2018年,我參與了經濟部的「數位群聚輔導計畫」,擔任召集人與復興區八家業者共同執行「那山大復興」計畫,這是一個旨在透過數位方式,提升業者之間的串聯與部落經濟、文化的計畫。2019年,我被任命為桃園市青年諮詢委員,同時在雪霧鬧部落號召青年,執行桃園青年局的青年投入永續發展行動計畫——「石撫老動起來」,這是一場以雪霧鬧部落歷史事件為核心基礎設計的「戰地旅遊」,以實境秀演出的概念,帶領消費者體驗「泰雅獵人、日本軍與

店長山上學校公益夏令營文化理財營隊,上山採竹材準備建設自己團隊的工寮。(筆者提供)

雪霧鬧的故事」，最後再以特色的泰雅族創意精緻料理呈現完美的體驗，因部分青年的離開，在人力不足的條件之下只好宣佈停止，再次的創生失敗。

在這些努力中，我逐漸意識到，地方創生不僅僅是經濟的發展，更是文化的傳承與社區的凝聚，雖然經過三次的失敗，我依然不氣餒。

雜貨店的初期

2021 年，我再次嘗試創辦了「1/5 數位共享部落」，經討論後正名為「樹不老共享店舖」。初心來自政府推動偏鄉數位多年，但始終只在山上的小學推動，並未落實在偏鄉部落，找出適合族人平時可以使用的現代科技方式來解決不便。

我們發現的問題是，族人經常上下山，有時為了一件物品，當天又必須要完成這個工作進度，只好開著車往返約三至四小時的路程，這樣的時間、人力成本太高了，為什麼不讓有上下山的族人透過系統平台，可以直接告訴彼此說：「我需要什麼？」「是否可以幫我帶上山或帶下山？」

因此，這個「順路經濟」的概念，讓我們在桃園市政府的社會企業競賽中獲得第一名十萬元，這讓我更加堅定了推動地方創生的信念。這次成功的與部落長者與青年連結。您

相信嗎，我們部落的數位團隊居然是一群中老年人合計八人，最年輕的是我，當時三十九歲，最老的是七十二歲，平均年齡是六十三歲。

這個計畫讓團隊經營了二年，哇！相較於上一次不到一年就結束，這一次有成功的往前邁進一步了。雖然目前看起來是不成功，但我依然沒有就此放棄，也因為這個計畫開啟了與「政治大學社會實踐辦公室」的創意總監許赫與陳誼誠博士連結，他們主動聯繫我，非常感謝二位在推動過程中的陪伴，給予許多的想法及建議。我心中想，「不知道這二位什麼時候會放棄呀？」我曾經提過：「雪霧鬧部落很難快速取得 KPI 哦！但我會不斷的嘗試行動直到找到對的方法……。」因為我很清楚雪霧鬧部落的現況，幾乎都是要從創造開始才會有成績，不是簡單提個計畫來就立馬得到 KPI。讓我想不到的是，他們居然沒有放棄，持續與我保持聯繫。我有疑問或有想法時都會跟許赫討論，他也從不吝嗇的給予許多思考的方向。

其實，我很感謝二位的陪伴，但我心中不抱任何的期待，我也不知道他們能帶給我們什麼，我只知道我不能停止的繼續往前走，往前行動，我的直覺告訴我，再不多久他們應該會感到無力，在這個地方得不到什麼而漸行漸遠地脫離與這個部落的連結了吧。但，我的直覺是錯的，他們是真的不斷地陪伴一直到 2024 年。

雜貨店逐漸深入——社區與文化的連結

　　2022 年，我又再次的嘗試，在推動地方創生的過程中，我與太太及二位朋友「四位傻子」成立了部落的「山上學校公益夏令營」，我的角色是「酋長」，其他分別是「主任」、「輔導長」、「廚師長」。為什麼要做這件事呢？源自於我的生長歷程帶來的心理挫折。第一、從小在山上長大，長期在部落與族人生活，很難與外部的人有連結機會，所以從小都會有自卑感，總覺得很多事情我們都不如外地的漢人，影響在外的人際生活；第二、部落家庭的環境沒有機會讓孩童學習課外的許多專業課程與體驗；第三、要培養年輕人參與學習的領導能力。

　　因此，這個營隊每年都是靠自己找朋友籌錢，我擁有露營場，住宿、活動場地、教室、人工都不用錢，唯一要花錢的是，用餐的食材及部分的用具或器材。那，講師費呢？這應該是，好人有好報的節奏吧，我們秉持良善的初心推動孩童的「公平教育機會」，似乎感動了諸多的業界老闆，所以很多非常專業的師資，例如：有名的品牌設計師、國際認證花藝師、麵包師、藍帶主廚、部落的長者等等，這些都是大家用愛心來對待孩子，所以講師費也都免了。更重要的是這些活動不僅增進了社區的凝聚力，也讓更多人認識到部落的

文化價值。

山上學校在 2024 年以創新體驗課程「永續文化理財營隊」之「部落佔領華爾街」，因為全國原住民族總人口數 60% 是經濟弱勢，因此除了推動多元課程、泰雅文化學習之外，再增加「理財觀念」的課程。團隊精心設計了以「模擬小型社會」的泰雅學習體驗中，貫穿「生活理財＋財商」沉浸式學習的體驗，統稱為「健全式的經濟生活學習」。很開心，這個團隊組成再次向前邁進，直至 2024 年已成立第三年，我們會持續下去，在推動過程中我也參與了媽媽共學團和泰雅文化理財營隊。

會走路的雜貨店

隨著我的努力與不怕失敗的精神，終於 2023 年，政治大學 USR 社會責任計畫來到雪霧鬧部落，開始以「雜貨店」的概念正式作為與部落的連結，這讓我感到無比欣慰。為什麼欣慰呢？當我在 2019 年開始在桃園市參加許多的地方創生或社區營造的講座時，我發現為什麼外面的許多團隊會有許多的大學院校進入並且合作陪伴，協助行動執行，為什麼我這個有心的人卻沒有這些資源進來呢？我只能告訴自己：因為我還不夠成熟，部落還不夠格讓他們進來。簡單的說：我必須更努力，一直往前衝，終有一天，一定會有人發

現我的。

　　這個雜貨店並不是一間正常的雜貨店，而是承載了「使命」的載體。我們可以說它是「車子」、「飛機」、「腳踏車」，甚至是「會飛的鳥」。一般的雜貨店只是賣商品給有需求的消費者前來消費，屬於被動的店，而飛鼠的雜貨店是一個「會移動的雜貨店」——有腳，有翅膀，有引擎的雜貨店，屬於主動（會動）的店。

　　因為，部落的生命力在於「動」，而不是「靜」，所以雜貨店必須主動出擊，除了保有原來的經營模式銷售一般商品給部落居民之外，更重的是找到一條與部落居民產生「相互共生共好」連結的道路，所以，我們必須「動」，而且更為「主動」開闢這條不好走的路。

　　這個創新的雜貨店，透過政治大學 USR 雜貨店計畫的陪伴與支持，貫穿了原有的「山上學校」，進而一步步開墾新的視野與空間，成功主動連結了與部落居民的擾動與行動力。目前透過飛鼠太太也成立了兩個團體：一是「雪霧鬧媽媽共學團」，以互相學習為基礎，進而深化彼此的情感後，建立媽媽們共同合作產出的商品，解決農忙空檔中的「季節性就業」，即解決區段性無收入的問題；另一是「部落孩童陪伴學習班」，一週有三次的陪伴教學，每週二、四的晚間五點至八點，星期日的下午一點至四點，因為發現部落的孩童課業程度有一定程度上的落後。

初期2024年的4月，開始由飛鼠先生與飛鼠太太召集，主動與家長們聯繫幫助孩童的教育，不敢說能幫很多或讓他們的成績變好，至少我們可以建立一個環境是孩童常常共同學習、寫功課的環境，逐步培養孩童們學習的好情境與習慣。所幸，這兩個團體，透過政大USR辦公室引薦「永齡基金會」的「2024永齡女力競爭型計畫」獲得入選團隊之一，讓這兩個團隊有了啟動金運作。雖然經費只能持續到2024年的10月底，但團隊不是因為有錢才想做事，而是還沒有經費時就已經在做了，我們都是互相幫補，有的家長願意主動接送孩童、送食材、印講義、煮晚餐等等。

店長舉辦公益夏令營山上學校文化理財營隊。（筆者提供）

所以，政大 USR 雜貨店計畫帶給了飛鼠先生與飛鼠太太強大的支持與資源，此計畫常常在政治大學或是校外有許多增進學習的課程，我們主動去學習，當然無法每一次的課程或講座都可以參與，但我跟飛鼠太太說：「我們能去就儘量去參與」，雜貨店計畫確實給了我很多的發想與可能，還有不同的資源連結。

雜貨店飛得更遠

幾年前，一直思考著如何將「數位正義」真正的落實在部落裡應用，曾經幻想著有沒有可能我的雜貨店可以是「無人商店」呢？第一、因為我跟飛鼠太太常常會上下山，員工在露營場工作的時候，不可能一直守在雜貨店等人來，如果部落有人來買東西，沒看到人就會離開。第二、如果我不在店裡時可以營業，同時我又可以持續做社區連結的事務，不是很好的一件事嗎？想得再遠些，如果有年輕人回到部落就可以開這個「無人商店」，同時又能去做他喜歡做的事情，是不是更有機會帶動年輕人回家呢？

於是，2023 年透過 USR 計畫，政大老師帶著學生到雪霧鬧，開啟了一場「我與你」的對話，彼此述說自己的專長……，最後，我勇敢地提出了「無人商店」的概念。起初，我很怕會被嘲笑說「這是一個天方夜譚的事情」，或

得到的回應是「山上又沒什麼人,沒有必要用這個無人商店啦」。怎知,經老師與學生了解後,原來這是一個好議題,可以解決部落人力及效率的方式。2024 年聽了學生執行專案的二次簡報,發現這個無人商店離我愈來愈接近了。所以,我對於「會走路的雜貨店」理論是正確的,這個 USR 代號加上雜貨店真的是長著雙腳、生出翅膀,甚至裝著一具強大扭力的引擎,不斷驅使者「雜貨店」往更遠的目標前進著。

對未來的展望

回顧這幾年的努力,我感謝每一位支持我的人,特別是我的家人和朋友。透過這些經歷,我深刻體會到地方創生的重要性,尤其是與政治大學 USR 計畫執行團隊及其前身社會實踐辦公室的陪伴與支持下,讓我與飛鼠太太成長很多。未來,我將繼續推動部落的發展,讓更多人了解這片土地的潛力與美好。

我相信,只要我們懷抱夢想,努力不懈,一定能夠創造出更美好的未來。我期待著與更多志同道合的人一起,為雪霧鬧部落的發展貢獻力量,讓這片土地綻放出更耀眼的光芒。

這就是我的故事,一個普通人在家鄉追尋夢想的旅程。

我希望透過這篇不長不短的文章，讓更多人了解我，也希望能夠激勵他們追求自己的夢想，人生的旅程充滿了挑戰與機遇，我將繼續努力，迎接未來的每一個挑戰。

烏來忠治部落「獵人雜貨店」。（筆者提供）

我（們）與部落雜貨店的距離

| 王　梅

資深文字工作者／國立中正大學成人教育研究所博士研究生

　　其實，原本我與部落雜貨店的距離很遠，我對原民部落的雜貨店一點都不熟悉，以前偶有去部落參訪的機會，在部落消費也僅止於觀光客購買在地紀念品的層次，這大概是如我一般的城市人對於部落雜貨店的粗淺認知經驗。

　　更何況，這都什麼年代了，遍佈在全台灣大城小鎮每一

個角落的便利超商與大賣場,幾乎是二十四小時、不分晝夜、不論晴雨,隨時都可以上門光顧採購,誰還需要雜貨店?也無怪乎,傳統雜貨店一家一家收攤歇業,極為難得見到蹤跡。

若非因為我念研究所博士班,2022年開始跨校在政治大學修課,意外地加入政大 USR(大學社會責任)團隊,否則我大概很難有機會如此密集地接觸到部落雜貨店。政大 USR 團隊執行的計畫不少,新北市烏來區泰雅部落是政大 USR 轄下負責的場域之一,因緣際會展開我在烏來區泰雅部落雜貨店田野調查的奇妙之旅,也縮短了我與部落雜貨店的距離。

烏來曲雜貨店訪視。(筆者提供)

開展部落雜貨店的奇妙之旅

部落雜貨店大都隱蔽在村落的一隅,只有社區居民知道如何到達這些小店,也清楚了解在部落雜貨店裡不僅可以買到日常需要的生活用品,還能找到部落族人之間的溫度、信

任與思念。

2012 年曾有一部公開上映的電影《星星的故鄉》，描述了這樣的劇情：在苗栗縣泰安鄉星光國小旁，原本有一間老舊閒置的校長宿舍，經過重新改裝成為一間雜貨店，老闆兼店員是一名中年女性，部落孩子們口中稱她「阿免姨」。「免姨商店」是孩子們放學後的天堂，小朋友迫不及待地衝進這間雜貨店，店內的茶葉蛋、王子麵、橘子汽水、蘋果麵包是他們的最愛，尤其是茶葉蛋的味道，令人回味無窮，部落小孩漸漸長大，離開家鄉到外地求學或是工作，總是念念不忘「免姨商店」茶葉蛋的滋味……。(維基百科，2023)一間開在深山部落的小雜貨店，撐起部落人際互助的功能，圍繞在這間雜貨店的點點滴滴，都是大人、小孩日常生活溫暖的記憶。

《星星的故鄉》故事情節雖然是虛構的，但在真實世界裡，許多原鄉部落也確實都有這樣類型的雜貨店，一般的規模都不大，店主大都是中年以上的歐吉桑或歐巴桑，店內販賣各種日常用品、雜貨、零食，村落裡的長輩老人家也喜歡聚集在此，在一邊等待孫子、孫女放學的空檔，一邊在雜貨店裡話家常，一邊在店內飲食、喝酒、聊天。從這個視角觀察，部落雜貨店是一個提供大人、小孩社交活動的場所，雜貨店甚至是部落小孩放學後的安親班。

年輕的主婦也常在雜貨店裡出沒，買幾瓶醬油、幾包

米、鹽、糖，偶爾看到令他們心喜的族人手工藝品、編織，也會讓他們流連忘返；做工的男子或部落的獵人，雜貨店也是他們定期造訪的補給店；這些雜貨店提供一項二十四小時便利超商無法具備的功能——可以賒帳，一旦手頭不便、臨時缺現金，只要跟店主交代一聲「先記帳，下月結」，店主不會惡聲拒絕，也更不會把賒帳的族人揮出門外。

有一則發生在台中松鶴部落的真實故事（自由時報，2020），這個位於大甲溪畔的部落是閩客與泰雅族混居的村子，2004年，發生七二水災把部落唯一的雜貨店沖毀，老闆娘阿嬌姨原本想乾脆把雜貨店關了，搬到豐原，但社區居民與族人卻合力把雜貨店蓋回來。更有趣的是，因為老闆娘的記帳白板與賒帳本也被大水沖走了，許多賒帳的顧客卻主動跑回來歸還欠款，其實就算他們不還錢，阿嬌姨也無從對帳，由於部落居民展現的關心，阿嬌姨決定克服困難，把房子拿去抵押貸款，繼續經營被社區居民形容為「部落百貨公司」的雜貨店。

雜貨店與族人是生命共同體

部落不能沒有雜貨店，因為它具有便利超商無法取代的角色與功能，部落雜貨店充滿在地人情與感動，甚至於與族人成為生命共同體。在部落雜貨店的背後，其實隱藏著部落

族人長久以來的人際信賴基礎與交易文化，從原住民深遠的發展歷史來看，一直都是「以物易物」與「共生共享」的文化習俗，不論上山打獵或下田耕作都是集體行動，用你的獵物換我的作物，不論狩獵回來的戰利品或小米稻穀收成都是「整個村落」的大事，而不只是「你家」或「我家」的事。

緊密的人際關係一向是原住民社會的特色，也是支撐部落經濟網絡的重要支柱，部落雜貨店是最具代表性的原住民生活展現之一。位於新北市烏來區的泰雅族部落，地理位置是最接近台北市的原民部落，族人居住密度較高，甚至一戶挨著一戶，左鄰右舍都認識，部落年輕人大多往都市移動尋找工作機會，也有的族人以開計程車、擔任客運駕駛或環保局清潔員為業，至於留在部落的中高齡族人則是從事一些零工、零活或者經營雜貨買賣的小生意，勉力為生。

2000 年以前，烏來區觀光產業蓬勃，吸引很多國內外的觀光客，當時烏來的雜貨店等同於藝品店，在地手工藝品相當受遊客歡迎。2000 年以後，外地遊客愈來愈少，烏來的藝品店生意直直下滑，被迫轉型為販賣日常用品的雜貨店，但也因為受到大型連鎖超商夾殺，經營受到考驗，烏來區部落雜貨店幾度轉型，服務顧客幾乎都以部落社區在地居民為主，營業型態也變得愈來愈複雜，譬如兼賣中西式早餐，爆發 Covid-19 疫情期間，雜貨店甚至開發新鮮蔬果宅配項目。

原住民族向來十分注重人與人之間的互動與分享，這在部落是相當普遍的現象，回頭檢視原住民族歷史發展的脈絡即可理解，原住民從未使用過貨幣，族人之間即便是出現「餽贈」、「分享」或「交換」，若以現代商業模式定義，即所謂的「交易」或「買賣」行為，但對原住民從來都不是一種金錢的對價關係，這與原住民族傳統的歷史與文化習俗息息相關。

人類學者分析，原住民族透過「交換」所展現的文化特質，其意義並非純粹的禮物交換或商品交換，雖然雙方必須藉由溝通確定「物的等值」與否，但背後常伴隨著建立彼此的社會關係。譬如，泰雅社會的「分享」主要是以社群為單位，也可以擴展到社群以外的成員；「以物易物」更是擴展到族群之間的交換，即便是泰雅人剛開始與漢人接觸，也是進行以物易物的交換方式，交換所得物資必須轉化為部落成員之間的分享。（王梅霞，2009）

民族學者研究原始的原住民族社會，發現具有特殊的經濟制度，最大的特色就是沒有貨幣，不像現代經濟是以貨幣為交易媒介和衡量標準；而且，原住民族的交易行為表面上是經濟的，實則含有社會、宗教以及審美的意義，就以蘭嶼的雅美族來說，族人若是獲得一些銀幣，會用來做成飾物，或者將銀幣融化後打造成男性族人在重要特殊場合配戴的「銀盔」（禮帽）（楊政賢，2023）。經濟學者也提出相同

的研究論點,「原住民主要的經濟活動以共同行動或成果共享的方式進行,貨幣體系完全沒有發展的基礎,交易的需求也十分淡薄。」(馬凱,1998)

原住民族使用錢幣做為「買賣」的媒介,則是日本人統治台灣期間設立「交易所」之後,才逐漸開始。日治時期特許民間經營成立交換所或交易所,實則為一種利用經濟控制迫使原住民「歸順」「撫育」的手段,實行物品管制來促使其交出槍彈,交易必須在指定的時間於附近適合的地點進行,不允許私自交易,並對交易物品的程序施以監督,包括交換物品者姓名、人數、交換物品名稱、用途、價格等,可

烏來忠治部落「獵人雜貨店」。(筆者提供)

交換的物品有食鹽、農具、火柴、酒、糖果、毛線等。1914年以後,隨著原住民物質慾望與購買力增強,交易所貨品無法滿足需要,日本官方逐漸有條件地開放供應的貨品可自由買賣,「原住民部落從過去以物易物的階段轉向貨幣經濟的過程中,交換所或交易所扮演某種程度的轉換功能。」(溫振華,2014)

浦忠成指出(2012),及至漢人逐次進入部落,實行諸多措施,包括規費、稅金、學費、補助金等,都是以貨幣辦理,貨幣就逐漸成為原住民重要的生活工具,當貨幣進入部落讓族人對於財富的觀念產生巨大改變,「昔日分享與交換就能解決資源分配,如今使用貨幣買賣來獲益並藉此累積財富,已超乎族人的想像。」

每家雜貨店都有一本賒帳簿

但原住民族長久以來這種「信賴交換」的習俗延續下來,族人早就習以為常,逐漸就變成了部落常規的「賒帳行為」,即便是已進入西元 2000 年以後的全球消費時代,在原民部落的賒帳情形十分普遍。

藉由我與 USR 團隊夥伴深度的田野調查,並彙整十一家烏來區部落雜貨店,我們得知每家雜貨店都有一本「未收帳款簿」,裡面記載社區部落族人「某某某來店內取走了尚

未付款的貨物＋金額」，每家雜貨店平均每月未收欠款大約二至三萬台幣，約占營業額20％，當然也會有收不回來的呆帳。

其中一家受訪雜貨店老闆夫婦，談起部落族人的賒帳行為，語氣顯得十分無奈，欠款族人有的是去外地工作，有的是沒錢，有的是入監服刑，原因各種各樣，有時需要進貨還得另外找錢周轉。女店主說，幸好兒子已上班賺錢，每月都有固定收入。老闆夫婦坦言，「雜貨店的功能就是補貼家用水電費、電話費等零星開支，」男店主補充說，「而且，退休後總要找些事做，不然整天很無聊。」

欠帳不還畢竟是少數，絕大多數部落族人都會還錢，一般賒帳原因包括：

一、經濟因素

部落族人的收入大多來自農業、狩獵、手工藝品銷售等，收入來源具有季節性和不穩定性，導致現金流不連續，當收入不足以支撐日常開銷時，賒帳成為一種暫時解決經濟困難的方法。

二、支付工具限制

不同於都市地區，山區部落較缺乏便捷的金融服務，少有ATM提款機，現金交易不方便，部落雜貨店幾乎都沒有

使用信用卡、手機支付等現代支付工具，賒帳就成為一種相對簡單的替代方式。

根據我們的田野訪查同時發現，部落雜貨店的角色功能不僅是單純的雜貨店而已，實則肩負其他功能：

一、雜貨店是資訊交換

雜貨店的地理位置通常位於部落中心，鄰近學校、候車站、教堂、醫護站等，雜貨店不僅提供部落居民日常生活必需品，也是部落族人社交和訊息交流的場所。部落耆老與長輩透過聊天知道其他部落的事情，例如：婚嫁、喪禮、慶典、考取公務員等，甚至誰車禍、誰住院、誰跟誰吵架，為什麼吵架、誰跟誰和好，又怎麼和好，這些資訊可以透過雜貨店，聽到不同的部落大小事，增添日常話題。

二、雜貨店是信用交易

賒帳的消費習慣在一定程度上緩解了部落族人的經濟壓力，也強化了社區內部的互信與支持，一家雜貨店主人透露，「他們不是不還，只是慢慢還，遇到有發薪水、領工資，隔天就會有族人來還錢。」

三、雜貨店是互助行為

原住民十分注重人際互動，賒帳是一種延續互助行為的

展現，反映了部落社區內部的經濟互助和文化認同，也是一種共同意識的體現。部落社區緊密，居民之間都是熟人，相互了解，這種熟人經濟基於信賴基礎，店主對顧客的經濟狀況和還款能力能夠掌握，使得賒帳成為一種常見且可行的交易方式。

部落雜貨店，由互助到共好

新北市烏來區向來是台灣北部著名的旅遊景點，長久以來吸引許多中外遊客前來體驗溫泉和觀賞自然景觀，部落雜貨店可成為了解當地文化藝術生活的窗口。但也有其必須面對的困境，包括：

一、改善雜貨店老化問題

雜貨店「老化」包括經營型態老化與經營者老化，部落年輕族群紛紛移往都市發展，留守原地經營的上一代日漸衰老，大多抱持著「能做一天，是一天」的心態，勉力經營。另外，隨著部落年輕人消費生活方式的改變，更傾向於選擇方便、快捷和多樣化的購物方式與場所，年輕族群青睞現代化的購物環境與購物管道，減少了對傳統部落雜貨店的依賴。

二、應用科技與支付工具

面對現代化與科技化發展進程,部落雜貨店除了面臨便利連鎖超商、大賣場的多方衝擊,而隨著經濟與電子支付工具的發展,大型連鎖商店通常有自助結帳、行動支付等服務,提高購物的便利性。

部落雜貨店行之已久的賒帳方式,固然提供族人交易的便利性,但店家必須承擔呆帳風險,雜貨店勢必需要深化與轉型,延伸更多樣化與可持續的交易方式,引進行動便利支付、自助結帳等功能,或者開發線上銷售平台,擴大銷售渠道,提高購物便利性,並可降低呆帳風險。

三、雜貨店由互助到共好

部落居民最大的特點之一就是團結互助,可以創造部落共享經濟,加強社區共好。譬如,雜貨店開發宅配運送,提供在地農產品與生鮮蔬果,一方面可確保食品新鮮和安全,建立消費者信任;另方面藉由服務到家,強化與社區居民的聯繫,增加顧客黏著性;部落雜貨店也可採取合作聯盟或聯合採購,以降低進貨成本,達到互助與共好。

自山林開墾、交通便利發達之後,遺世獨立於人群之外的部落已經回不去了,部落雜貨店也不再是以前的雜貨店,正在持續變身轉型。以烏來為例,雜貨店也是部落產品的轉

運站,獵人收穫、農夫收成、織女作品,甚至產業與觀光的結合,締造出烏來觀光產業與文化的基地,隨著政府大力支持「部落產業」與「文化復振」,雜貨店在其中扮演重要橋樑。

2019年,政府修訂「原住民教育法」(簡稱「原教法」),並將「全民原教」列為既定政策,在一般學校、機關、企業、社區等全面推動原住民教育,以增進社會大眾尊重多元族群文化的公民素養,走進部落深度旅行逐漸蔚為風潮,你、我與部落雜貨店的距離也不再那麼遙遠,反而愈走愈近。

政大團隊在部落雜貨店進行交流活動,探討可能的數位轉型合作方案。(筆者提供)

數位科技與雜貨店的邂逅之後

| 蔡子傑

國立政治大學資訊科學系教授

　　「雜貨店」、「傳統菜市場」、「榕樹下」,不知道可以聯想到甚麼?對四、五十年前的台灣社會,這些地方都是人們聚集哈拉、貨物交易、休憩的場所。一些人與人之間的感情、訊息交流地。對人們一天的生活佔有很關鍵的角色,也是人們喜歡去且有回憶故事的地方。節日家庭聚餐吃火

鍋，就到巷口雜貨店買個汽水，少個蔥薑也在雜貨店可買到，家庭需要的小東西應有盡有；每天的菜市場，是家庭主婦們聊天跟菜販肉販討價還價，以及跟鄰居彼此人比人氣死人的地方；榕樹下更是阿公阿嬤休息下棋喇低賽，以及抱孫子散步玩耍的最佳地方。

經過時代的變遷，傳統菜市場還是有一定的需求規模，榕樹下可以變成是以公園綠地繼續其功能。但雜貨店的生存環境則是越來越艱困，在都會區的雜貨店都已經不多見了，在偏鄉地區可能營運更加困難。除了經濟面向外，過往的人與人感情交流，訊息的互通，身心的調解等功能卻慢慢消失了。

有幸參與政治大學的大學社會責任（USR）計畫，「雜貨店 2.0 老店新開：順路經濟與社會資源整合平台計畫」，就是希望從社會變遷的角度，去思考雜貨店的過去、現在，以及未來可能的何去何從。特別是數位時代的來臨，人們生活的樣態的改變，怎樣的雜貨店才符合經濟效益，並且可以滿足人們失落的需求。

USR 的精神就是以大學學術的研究成果，跟社區交流，互助互利，來激發創新思維，期待能共同解決社區問題並提升大學實務經驗研發深度與面向。在這過程中，學生可以將課堂所學，在場域上實踐，強調做中學，提升學習興趣也驗證所學知識或技能。

計畫的執行，首先要彼此了解，所以相互的參訪與會談是絕對的第一步。2024 年的 1 月，就先帶領一群資訊系與資管系的學生，進到桃園復興區雪霧鬧部落的雜貨店場域，實際體驗當地文化以及部落生活。雪霧鬧是位在深山的泰雅族部落，部落內沒有商店，族人日常採買需開車下山，距離最近的客運站牌走路也約需一小時，開車到山下的便利商店則需花費四十分鐘。我們進到場域後，了解到像這樣的地方如果要經營雜貨店，會因為交通不便，運輸成本高，人力短缺的種種不利因素，遭遇很大的挑戰。所以我們必須思考是否能利用新科技，有機會可以創造新的經營模式，除了可以維持雜貨店原本功能外，又可帶動其他方面，整合解決部落特有的問題。除此之外，在同學們方面，也報告了他們目前所學，以及正在研究或思考的議題，跟部落民眾說明。這樣的溝通算是第一次接觸，通常不會奢望馬上有具體的交集，但經過一段時日的沉澱，多次的互動與修正彼此間的原本偏見或思維框架，終究看看能否互相刺激擦出火花，以創造新的價值。

　　既然是數位科技，首先想到的就是「無人商店」以及「順路經濟購物平台」。部落裡頭沒有便利超商，也沒有傳統市場，那生活必需品要怎樣購買呢？所以小型的雜貨店在這個地方是有這個需求的，然而經濟規模管理成本，實不足以永續經營，因此怎樣利用科技來管理雜貨店是可能的解決

方向。而貨物的物流以及販賣品項的選擇又要如何解決，也是個棘手的問題。另一方面，部落的農產品要運往都會區去販售，運輸成本以及人力都不像都會區那麼方便。

　　同學們回來之後大家腦力激盪發揮創意，先把人、事、物、地，思考清楚，目前先以山上的部落雜貨店以及政大校內的員生消費合作社，兩個地點為例去思索，如何設計與製作一個順利經濟團購平台，解決上述物流與經濟效益的問題。山上部落所需的日常用品可以透過網路購物模式，勾選所需的品項與數量，以及預期能送到山上雜貨店的日期，同時政大的師生可以勾選部落生產的農產品或特色商品來購

政大團隊在雪霧鬧合影。（筆者提供）

買,以及預期到貨的時間。

　　另外,就是運貨的人選,假設剛好山上的人剛好要下山,或山下的人正好要去上山,可以來平台幫忙運送,只要選定他移動的日期以及預期要花的時間,系統就可幫它搓合接單,下山時送或到合作社,上山時就將山上民眾訂購商品送至部落雜貨店。這樣就可以達到「順路」的效益,有效解決物流成本問題,同時也達到集單團購的效果。我們先以這樣的思維去設計與建置,未來也許可以先在政大合作社與附近的商店合作,試營運以測試可能的問題,作為日後改進的參考。一旦可行,再擴大到其他部落或更多的雜貨店一起加入。值得稱許的是,這個順路經濟的平台設計與問題解決模式,都是同學們參訪場域後,再收集相關資料,藉由自身所學知識與技能,完成這樣的計畫書,也很幸運地通過國科會大專生研究計畫的補助,給同學很大的肯定與鼓舞。

　　貨物送達地是山下的合作社以及山上的雜貨店,山下的合作社通常人力管理較沒問題,但山上的雜貨店要固定有店員在店內,經濟成本過高,會導致虧損。因此就有了「無人商店」的想法。但建置一個無人商店,倘若要花很大的成本以及繁瑣的操作流程,又失去了初衷,還有如果與部落原本的生活型態不搭嘎也會讓人卻步去使用,所以易用性以及方便性的設計就很重要了。

　　譬如說,部落人們要工作,通常不帶錢在身上,或者他

也不清楚人家訂購了甚麼，或者他訂購的東西是否到貨等等，或者資訊系統也不太會用。所以必須反覆的理解他們在使用上可能會遭遇的情境下，去設計一個適合這些使用者特別的生活習性才行。當然，簡易的資安或誤拿貨品防呆機制，還是要整合進去設計。因此，這樣的議題，就非單單課堂上一般介紹或網路上既有的案例有涉及到的，透過這樣的 USR 計畫，才真正落實培育解決問題能力的人才的目的，讓學生有機會結合實務來進一步昇華教室內所學，走出象牙塔，共同思索與解決社會問題。

至於數位化系統平台解決了，但雜貨店貨物與經濟問題、人與人情感交流與訊息的傳遞的功能還是有所失落。為補足這個面向，我們假設部落的活動，會有一些語音導覽活動或遊客拍攝或採訪紀錄的影音檔案等內容，可以透過網路，非同步方式來進行儲存與訊息的查詢互動。

針對上述這個部分，我們設計了語音導覽系統，透過藍牙 4.0 的耳機，新的廣播技術，可以解決頻寬問題或者 4G/5G 涵蓋的死角問題，仍可來哈拉介紹過往的故事或者最新的訊息發展給相關遊客或深度訪談的研究者，同時系統會像直播平台一樣，會同步儲存檔案。之後我們將聲音或影音檔，利用文字處理技術，將其自動剪片成短影音檔案形式，並摘錄其關鍵字，結合大規模言模型（LLM）與檢索增強生成（RAG）技術，開發一個類似於 ChatGPT 的互動式對話

系統。此系統可以讓使用者與 AI 機器人進行對話，並會自動生成剪輯好的短影音，幫助使用者快速提取所需的訊息，以滿足知識文化或訊息的溝通的需求。一旦開發雛型到一定進度，我們預計會先找適當應用場景來測試此系統，再視回饋意見作下階段修訂參考，目標是能真正應用到部落或人群會常去的地點如雜貨店等可能會聊天或講故事的地方，一方面同步進行數位典藏，同時也讓內容閱聽者，容易找出適當所需資料。

　　雜貨店的轉型 2.0，往往需要時間與實驗，還需要知道該如何轉型。當中需要各方人馬以及不同經驗或專長領域知識的人員，透過不斷的溝通與發想，需要一些耐心與誘因，老實說，要很有效率的達到目標實屬不易。學校端透過 USR 計畫，投入適當資源，藉由人才培育計畫，率先幫忙研究以及嘗試解決一些社會問題，期能激發學校與社區的創意，提供新的活水，共同成長以及尋求原本各自要突破或創新的能源，造成雙贏的結局。

　　從政大員生消費合作社以及偏鄉部落的特色農產品文創小物，能夠相互有更省成本的互相銷售方式，可以形成新型態的雜貨店生態系統，並同時可能解決雙方原本可能各自面臨的挑戰，創造原本沒有的新的利基，過程中也可能產生新的知識與新的產業模式，這是我們這個計畫的期許。相信參與的學生以及相對應的場域社群，都會有很新鮮有感覺的成

就感。

　　此外,部落雜貨店可能還可成為孩童的學習,或課輔的適當場所,但因為部落媽媽們不必然所有課業都有能力擔任輔導工作,此時,數位的學習平台,不僅可以提供適性教材,並可依據測驗,或孩童的學習歷程,輔以目前最夯的 AI 技術與 LLM 模型,可以給出測驗分數外,並可找出孩童學習的缺點或需加強的地方,以文字敘述的方式給予建議,這可能是一個很特別的另類「雜貨店」的誕生也說不定。

　　總之,跨領域的知識結合,與跨域的社群的邂逅之後,產生無限的想像空間,有夢最美,只要同心一起努力,定能創造無限的價值。

部落講師解說陷阱製作方式,以及如何就地選材和設置地點選擇。(筆者提供)

美華訂購的愛心粽子與歡度宰牲節的漁工觀眾。（筆者提供）

出外人的美食與社交驛站：
移工們的印尼雜貨店（toko）

| 邱炫元
國立政治大學社會系副教授

　　回憶昔日在歐洲求學的時候，到海牙的華人超市購物採買，非但有補充食材的現實需要，有時候也順便到港式飲茶餐廳打打牙祭，儘管海牙的唐人街也頂多是幾家華人商店集中的地方，規模也說不上大。從自己的經驗來看，到華人超市採買主要著眼的仍在於慰藉自己味覺的鄉愁。同理，不難

理解印尼雜貨店對於印尼移工來說，應該也具備著類似的功能。

不過，可能還不止於此。

前幾年，我在一家基隆的印尼雜貨店發現他們提供二樓的空間給印尼移工做讀經會（pengajian），體會到印尼移工要找尋宗教聚會空間的困難，也有點驚訝雜貨店可以提供這樣的協助。後來，當我們的 USR 計畫要為印尼移工舉辦教育工作坊的時候，地點的找尋總是得稍費心思。一方面要顧慮到每次工作坊考慮的目標學員和他們交通的便利性，另一方面也得顧慮到他們在工作坊現場禮拜的需要。偶爾我們也需要安排在印尼雜貨店，這時候我才體會到這些雜貨店對於印尼移工的重要性。

印尼的雜貨店印尼語稱之為 toko，不過 toko 的意思是泛指一般的零售業商店，它也可以是兼營小吃餐飲的地方，未必是特定指我們台灣語脈中的雜貨店。但是在台灣說到印尼店 toko，用印尼雜貨店的詞彙來說應該還可以涵蓋。原因主要是，印尼店在台灣已經成為專司販賣印尼日常用品、食品與雜貨的商店，也是印尼人經營的一種可以顯示族裔經濟特色的商店。印尼雜貨店通常是印尼（華）人跟台灣人通婚之後，藉由跨族婚姻的方便而順帶作的生意。不過有兩個現象我們須略為區別。第一個是，販售生活百貨的印尼商店跟台灣一樣，有著比較現代化的連鎖店像是 Index；另一種就

是比較傳統的、合乎台灣理解的雜貨店。第二，但是，第二種印尼 toko 還蠻常順帶賣簡餐，這點又跟台灣說的雜貨店有點不同，簡單來說，比較傳統意義上的 toko 帶著雜貨店與簡餐店合一的作法。

漫步在基隆東岸信三路的巷弄中，可以同時發現這兩種現代和傳統類型的印尼 toko，像是印尼連鎖超商 Index，這些超商除了販售日用品和簡單的熟食之外，還提供匯款與郵寄國際包裹的服務。Miftakhul Jannah Fajriyah 運用她在新竹

信三路周遭街景與 INDEX 超商。（筆者提供）

Index 打工的經驗，發現 Index 超商的匯兌與代寄國際包裹的服務，幫助印尼移工能夠將他們在台灣工作的薪資和購買的禮物與個人的家當傳達到家人的手裡。匯兌一方面能夠在經濟上貢獻給原鄉的家人的生活開銷或其他用支，又彌補他們遠在他鄉無法扮演自己在原生家庭中應有角色的缺憾。這種匯兌有時還能當作宗教的捐贈幫助故鄉窮困有需要的人。郵寄包裹則是有兩種特別的物品流通意義，一種是把他們在台灣買到的東西當作禮物寄回家，顯示他們在台灣過得很好，除了寄錢回家以外，還能三不五時把他們在台灣看到的好東西送出表達心意。另一個功用則跟他們再轉換職場或搬遷住所，不可能時時帶著所有的家當，因此郵寄包裹可以讓移工把他們無法攜帶、但又還有價值不想在台灣丟掉或送朋友的家當寄回印尼家裡。Fajriyah 還提到 Index 超商具備一種我們在台灣難以想像的「家」的功能。Index 聘用的員工經常是嫁給台灣男性並已經歸化的印尼婦女，雖然這群員工在經濟收入和社會關係上已經比移工還來的穩定，但有趣的是，在 Index 店鋪空間中主要使用印尼語，也便易吃到印尼口味的簡易食物（如 Index 所販售的便當、小吃或甜點），療癒了她們各自在夫家要順服台灣的家庭關係與飲食習慣差異的缺憾。對於消費者來說，走進 Index 不是像我們台灣人去便利商店購物所圖的便利而已，而是 Index 對於印尼移工來說是某種鄉誼聯絡中心，她們有人會把 Index 當成假日聚

會邀約見面的 meeting point，當然，Index 的印尼員工也是消費者可以傾訴鄉愁跟收集台灣生活情報的地方。

　　信三路還有一家傳統的 toko，稱之為「美華餐飲店（Rumah Makan Ibu Meiwa）」，主事者是一位印尼女老闆，透過台灣先生的協助開起販售印尼現煮的簡餐以及一些飲料和零食的小吃店。美華女士對於印尼同鄉的關心，讓她當起專屬於印尼漁工的基隆市漁工職業工會總幹事。她的小吃店能夠營運還是需要透過她台灣先生在地社會網絡的支

印尼雜貨店女老闆中文名叫美華。（筆者提供）

持，另外她的印尼身份更能夠贏得印尼同鄉的信任，最主要的還是道地的印尼餐食，職業工會的身份讓她可以經常參與基隆市政府和民間團體為移工舉辦的活動，當然她還同時接受提供相關活動的印尼餐盒和點心訂餐和送餐的服務。我們借用她的雜貨店舉辦移工親職教育的活動，意外地發現她的空間也能提供一般印尼人聚會甚至舉辦婚禮的場所。

像美華跟她的小吃店，以及她為印尼同鄉提供的社會服務，反映出印尼學者 Rudolf Yuniarto 標示出來的印尼商店的店主，對於印尼移工社群扮演三種角色，店主一方面當然

美華雜貨店提供的印尼餐食。（筆者提供）

政大 USR 在 2023 年 9 月在美華她的雜貨店舉辦漁工親職講座。（筆者提供）

是做生意營生，但他們同時也提供移工緊急需求的庇護角色以及甚至扮演著為移工的權益奔走的草根社群社會運動者。以印尼人開的 toko 空間多元運用來說，有的還有提供卡拉OK，兼具休閒、社交與宗教聚會的功能。Yuniarto 也看到一些印尼商店甚至為印尼移工設立庇護所，或是協助因為勞工權益糾紛的法律服務。他提到，像是齋戒月的時候，要封齋跟開齋的時間都需要相關的飲食來搭配，也需要相關的空間讓印尼穆斯林移工可以進行相關的儀式與聚會活動。因此，早幾年前在台灣仍然缺乏穆斯林宗教聚會場所的時候，有些 toko 就同時在空間跟宗教飲食的服務上滿足了這些需求。

在此，我們可以另舉一個桃園大園清真寺的例子，大園清真寺是由印尼移工婦女與台灣先生結婚的跨國婚姻家庭，他們為了服務大園工業區的移工販售簡餐與製作便當，之後感到大園的印尼穆斯林移工宗教聚會上不便利，一開始幫這些移工找宗教聚會與禮拜空間，但最後覺得還是有必要出來蓋清真寺，便開始籌資募款買地建屋，甚至成立協會，以後還有成立伊斯蘭教育機構的計畫。信三路跟這點不太一樣的地方，在美華的小吃店附近就有移工自行籌設的基隆清真寺，可以看得出宗教聚會地點和吃飯購物地點之間的鄰近便利地緣性。

展望未來數年內，台灣移工的人數應該還是保持成長的

動態，這些跟移工共存發展的印尼雜貨店扮演的角色，實在值得我們進一步關注。

位於桃園龍岡清真寺二樓的禮拜殿內。馬秉華副教長正在解說伊斯蘭教的基本五功。（筆者提供）

台灣穆斯林社群（Muslim Community）的跨界生命：以桃園龍岡清真寺周邊穆斯林群體為中心

|陳乃華
國立政治大學民族學系助理教授

伊斯蘭教於台灣的發展，主要是 1949 年後隨中華民國將領白崇禧與馬步芳等回教徒人士來台定居的二萬名穆斯林

教眾，主要來自青海、寧夏、新疆、甘肅等穆斯林分佈的省分，此外，後續有雲南裔軍民，滇緬軍後裔遷居台灣。1958年中國回教協會在台灣復會，總理國際穆斯林事務，並在白崇禧的推動下，台灣的伊斯蘭教有了一定程度的復興。1990年代以後：穆斯林新住民，泰緬華僑與大量東南亞各國移工穆斯林的不同社群聚集，豐富了伊斯蘭的信仰群體。可以說，從台灣穆斯林社群（MuslimCommunity）的跨界歷程，從通過建寺、朝覲、教育、生活方式和知識傳承等面向，呈現台灣伊斯蘭群體的文化多元樣貌。

　　本文以桃園龍岡清真寺周邊穆斯林群體為中心，1953

USR 雜貨店計畫龍岡忠貞店閃淑娟店長親自為政大師生講解菜色和手抓飯的吃法。（筆者提供）

年李彌將軍率滇緬反共軍自中南半島撤出,有些群體留守泰北異域,部分則隨著軍隊撤退來台。這支滇緬邊區的「雲南反共救國團」一九三師游擊部隊,在1954年到達台灣,國民政府在桃園中壢、平鎮與八德的交界處,建立「忠貞新村」以安頓軍眷家屬,其中不乏泰緬雲南裔的穆斯林。由於伊斯蘭的清真規範與禮拜上的需求,從1962年起,退役軍人馬興之、王文忠與眷屬薩李如桂女士、馬侯美鳳女士促成龍岡清真寺的修建工程,自力完成可供教友禮拜的清真大殿,並於1964年龍岡清真寺順利落成。

在《龍岡清真寺大殿落成紀念》上,記錄了這段過程:

本清真寺之興起,緣起於1961年初期,退伍軍人馬興之阿衡、王文忠哈智、軍眷馬美鳳、薩李如桂等,倡議在中壢地區興建清真寺一所,俾以弘揚大教,禮拜贊生,此議一出,立獲響應,遠近教胞,人人振奮,咸表支持,常子萱伊瑪目、鐵廣濤哈智、石靜波哈智尤為贊同,即於1964年勸募籌款,但教胞多非富有,雖盡力捐輸,募款終極有限,除購土地三百九十餘坪外,禮拜大殿乃因陋就簡,新材舊料參半,粗略建造,其他房舍更是蔽磚敗瓦聊避風雨,建築雖不是飛軒瑰麗,卻在風雨中度過二十餘載。1965年馬興之阿衡歸真後,王文忠哈智承接寺務,積極經營,再求進步,首先成立董事會,并將清真寺登記為財團法人,重建清真寺列為首要任務,乃將教胞平時捐贈,儲存備用,然歷時二十年

仍不能如願，旋於 1984 年發起募捐，連同歷年積蓄，得款四百餘萬元，無奈 1987 年 6 月癌毒劇發，駕赴天園。保健臣哈智，受教胞託付，繼任董事長，於是充實董事會，整理寺產，繼續推行清真寺重建大業，禮聘鐵廣哈智設計建築藍圖，再度發起建寺樂捐，并將工程委請宏鎰建築公司承建，造價七百五十萬元，乃於 1987 年 11 月 10 日舉行重建興工典禮，邀請中外回教界先進主持大典，歷時一年餘完工。大殿工程用款，皆來自國內及馬、泰、港、澳、美、加等地教胞捐助，并自沙烏地、利比亞等國獲得甚多支援。禮拜大殿落成，勒石紀念。敬謹奉告　安拉，祈求廣施大愛，垂臨斯土斯民，我教胞自此以後，登清靜殿堂，處聖潔華屋，上承真主教化，靜聽穆聖佳音，今世受伊斯蘭聖澤浸潤，後世攀登七層天園，兩世福澤，休美無疆。

　　1970 年至 80 年代，經由依親、求學等管道來到桃園忠貞新村定居的緬甸與泰國華僑，他們成為新一輪龍岡清真寺的信仰群體，許多人擁有中華民國及緬甸護照進出台灣。此外，1980 年代左右，雲南裔穆斯林陸續遷台，當時政府對於華僑採取開放政策，華僑身份取得容易。在 1990 年代後，桃園、新竹與苗栗一帶工業區，以印尼籍為主的東南亞穆斯林移工，由於地緣的因素就近到龍岡清真寺做禮拜，也豐富伊斯蘭信仰群體。由此，桃園龍岡清真寺和忠貞新村，匯聚了雲南裔軍民，滇緬軍後裔、泰緬華僑與大量東南亞各

「貴夜」每年由不同的伊斯蘭群體提供上百人的餐食。（筆者提供）

國移工穆斯林的不同社群，呈現這片地域的文化多元樣貌。

筆者進入龍岡清真寺的起始，是在參與桃園龍岡清真寺的「高貴之夜」（ليلة القدر），「貴夜」為伊斯蘭教的創立之始，先知穆罕默德接受《古蘭經》之夜，也是伊斯蘭教中一整年中最神聖的夜晚，通常於齋月末旬出現。《古蘭經》：「在那夜裡，一切睿智的事，都被判定。」。當天晚上，就被熱情的主辦方與教親們邀請入席共餐，並與來自雙北、桃園與新竹北台灣各地不同國籍的穆斯林群體，更多是來自各個高校的國際學生結伴而來參與這場年度盛宴，每年由不同的伊斯蘭群體提供上百人的餐食，如巴基斯坦的移

民與提供的風味料理，自下午就在清真寺準備的穆斯林婦女會與志工群體在後院忙進忙出，在夜晚的禮拜後達到高光時刻，在阿訇的祝禱聲中，彼此親近共食、團聚笑談，將神聖的禮讚由夜晚延續到凌晨。

後續，藉由龍岡清真寺的伊斯蘭婦女會的活動，加深了與清真合負責人閃淑娟老師的聯繫與緣分：閃淑娟老師是緬甸當陽的穆斯林華僑，來到台灣二十多年，她是虔誠伊斯蘭教徒，在忠貞市場開設「清真合醬菜館閃妹小廚」，這裡也是全台最大滇、緬、泰美食集散地，匯聚不同類型的食材與飲食文化。除了打造符合清真規範的飲食環境外，閃淑娟還將餐廳打造成為「穆斯林文化小學堂」，除了舉辦伊斯蘭婚禮及聚會與推廣穆斯林友善的環境外，東南亞與新住民群體日常聚會也在此，使不同的群體可在此空間交流對話，舒適地聚會笑談。

國立政治大學社會責任辦公室「教育部 USR 計畫：雜貨店 2.0 老店新開：順路經濟與社會資源整合平台計畫」，有幸邀請閃淑娟老師擔任龍岡忠貞店長，也通過這個美好的緣分，近一步理解清真寺的穆斯林女性群體在龍岡社區所扮演的角色。通過這個平台，將政大的師生與龍岡忠貞進行連結，開設多次的移地教學課程，從龍岡地區的歷史介紹，沿路從忠貞市場的攤販與店家走讀中，牽連出飲食、宗教、建築、經濟等議題。透過在地視角的導覽，觀看此處的歷史變

遷和多族群交會。此外，桃園龍岡清真寺作為對話場域，副教長馬秉華向政大師生介紹古蘭經規範和清真特色，並示範禮拜的基礎姿勢，使同學們對伊斯蘭教有初步的認識。通過進入龍岡清真寺大經堂參觀，圍坐在禮拜殿聆聽教長馬秉華的學習歷程分享，對伊斯蘭經堂教育的知識體系進行介紹。許多同學表示第一次有機會進入禮拜空間，通過直接的觀察與請益、對話，深刻體認到台灣具備的文化包容力，更是開展多元探索的重要一環。

龍岡忠貞店長閃淑娟老師為同學們烹煮的清真料理，親自為師生們講解菜色和簸箕飯的飲食緣由；淑娟老師總是以最溫暖而謙卑的姿態，聆聽不同聲音，盡力照顧在場的每一個人；一如在清真寺裡忙進忙出的伊斯蘭婦女會的成員們，她們是一群親密而可敬的群體，合作無間地承擔起最大量的工作，用心細緻地進行分工安排妥貼，在生命中的關鍵時刻，她們總是在場。以母親的雙手調理出一道道美味的佳餚，給予身處異鄉的學子或是移工最大的安慰，也為前來學習的師生在身心靈提供了知識與美味兼具的文化饗宴，描繪多元共榮共好的社區樣貌。我想，對於台灣裔穆斯林（Taiwanese-Muslim）的跨越認同與關注，這僅是初步的開始，後續希望通過龍岡清真寺穆斯林群體生命歷程作為主軸，進一步展開「跨地域」的移動與書寫。

位於桃園中壢忠貞市場附近的「國旗屋米干店」,是一間極具特色的雲南小吃店。(筆者提供)

雜貨店平台串起多元文化

| 傅凱若

國立政治大學公共行政學系副教授

忠貞新村的發展

　　桃園龍岡地區涵蓋了中壢南側、平鎮和八德這三個地區的「金三角」地帶,這裡有著獨特的歷史背景和多元文化氛

圍。回溯至國共內戰時期，滇緬部隊在戰事結束後撤退到台灣，並被安置在「忠貞新村」。忠貞新村的名稱「忠貞」二字，象徵著從滇緬轉戰回台的軍眷對國家的忠誠和堅韌不拔的精神。這些軍眷來自雲南、泰國、緬甸、寮國等東南亞國家，伴隨著他們的還有豐富的文化和飲食傳統。此外，龍岡地區還匯聚了客家族群、外省移民以及現代的東南亞新住民，這樣的族群多樣性造就了該地區獨特的文化交融，從而形成了極具特色的飲食習慣和生活方式。這種多元文化的融合，賦予龍岡地區豐富的文化色彩，讓這裡成為台灣最具代表性的滇緬泰美食集散地。

　　忠貞新村最初以軍眷社區的身份發展起來，然而，由於這些居民攜帶了家鄉的美食文化，使得該地逐漸成為異國飲食文化的集中地。雲南滇緬的傳統美食小吃，如米干、破酥包、豌豆粉等都在此地紮根，滿足了當地居民的日常需求，同時也吸引了許多外地遊客。每年舉辦的「龍岡米干節」更是成為了一個重要的文化活動，讓外界有機會深入了解並體驗這些異國美食及其背後的文化歷史，進一步提升了龍岡的知名度。

　　隨著產業的發展，桃園如今已成為全台灣外來移工最多的地區之一，這一點進一步強化了龍岡地區的多元文化特質。龍岡清真寺的建成吸引了大量東南亞新住民定居於此，這些來自印尼、馬來西亞、菲律賓等國家的新移民，帶來

這以香蕉葉盛裝的滇緬風味拼盤,展現雲南與滇緬族群的飲食文化。(筆者提供)

了不同於台灣傳統的飲食文化和生活方式。忠貞新村的市場因此充滿了濃厚的異國風情,這裡販售的食材和香料,如香茅、椰奶、異國香料等,逐漸塑造出獨具特色的「忠貞市場」。這個市場不僅成為當地居民的日常供應地,也成為了外來遊客必訪的旅遊景點,吸引著四方來客來體驗這裡的滇緬泰美食。

忠貞新村文化園區的發展承載了龍岡眷村文化的過去與未來。園區內設有異域故事館、孤軍紀念廣場、民族文創館以及各式異國風情的主題餐廳,為當地提供了豐富的文化資

源和觀光體驗。隨著政府的重視與投入，忠貞新村現已成為桃園的觀光熱點之一，除了著名的米干外，遊客還可以參觀附近的馬祖新村眷村文創園區、國旗屋等景點，深度了解這裡的歷史和文化傳承。

米干節與地方經濟的成長

美食不僅是文化的載體，也是推動地方經濟發展的重要因素。過去，米干作為異國家常主食，僅僅是忠貞新村居民的日常餐點，但隨著龍岡米干節活動的推廣，「米干」已經與「龍岡」這個地名緊密結合，成為了當地文化的代表之一。每年的米干節，不僅吸引了大量遊客，也成為推動當地經濟成長的重要契機。政府也看到其中的潛力，持續投入資源，將這一多元文化社區打造成為具觀光價值的園區。

然而，單靠美食的推廣仍不足以讓當地居民真正了解和體驗多元文化。不同文化背景的居民有著截然不同的生活需求，這使得社區服務和資源的分配成為一項挑戰。為此，政大在忠貞新村推出的雜貨店計畫，旨在建立一個平台，串連起不同背景的居民和他們的生活需求。透過這一平台，當地既有的多元行動者可以參與社區公共服務的設計與規劃，為彼此提供所需的資源與支持。原本雜貨店的經營模式就不依賴政府的經費，透過這項計畫，建構雜貨店平台，讓社區居

民的自主參與來達成,這樣的共創模式使得社區問題的解決更具彈性與創新性。

雜貨店的社會角色

政大 USR 計畫中的雜貨店項目,承擔的不僅是商業交易的功能,它更是社區互助與文化共創的重要平台。透過支持兩位店長,這個計畫實踐了「共創治理」的理念,鼓勵不同背景的居民參與公共服務的討論與規劃。雜貨店作為一個小型的社區中心,為當地居民提供了跨文化交流的機會,也讓他們能夠在不斷變化的社會中找到自己的位置。這裡的居民可以通過日常的購物和對話交流彼此的文化背景與生活經驗,這種自然的互動成為了社會融合的重要推動力。

推動社區發展

雜貨店不僅是物資交易的平台,更是一個能夠匯聚不同意見、激發創新想法的場所。在社區會議中,當地居民不僅討論如何改善生活環境,還共同商討如何進一步推動當地文化產業的發展。這種「自下而上」的治理模式,充分體現了「共創治理」的價值,讓居民真正成為公共服務的設計者和執行者。透過共同籌辦米干節、共同組織文化活動等,雜貨

店有效促進了不同群體之間的合作,讓不同文化背景的人能夠在具體的問題上找到共識。

當我們討論「共創治理」的概念時,它強調的是居民主動參與公共事務的討論與決策過程,這種治理模式尤其適合像龍岡這樣多元文化背景的社區。透過共創治理,居民不再只是公共政策的被動接受者,而是主動參與者和合作夥伴,這種模式帶來了許多具體的優勢。

共創治理的優勢

共創治理可以促進不同文化群體之間的理解與融合。龍岡地區的居民來自不同的文化背景,包括滇緬泰裔的少數民族、東南亞新住民、客家人及外省人等。透過共創治理,這些多元文化背景的居民有機會共同討論、解決社區內的公共議題,如環境改善、文化資產保護或社會福利的增進。這種參與式的過程不僅有助於促進各族群之間的理解,也讓不同的聲音在決策過程中被充分聽見和尊重,減少社會矛盾,增進社區的凝聚力。

其次,這種治理模式能激發創新與合作。以忠貞新村為例,透過共創治理,居民們有雜貨店為平台,共同集思廣益,不僅在雜貨店這一平台上實現物資共享,還創造了許多以文化活動為核心的創新項目。例如,未來米干節的籌辦就

可以委由當地居民自發組織與推動,而不再是由政府委託辦理,透過這樣的文化節慶活動,不同文化背景的人們可以共享他們的飲食傳統與故事,促進了文化創意產業的發展。同時,這些活動也帶動了當地經濟,吸引遊客來訪,進一步促進了龍岡地區的整體發展。

此外,共創治理還賦予了社區居民更多的自治權,提升了社區的自我管理能力。當居民能夠參與公共政策的討論與制定,他們對社區未來的規劃與發展會更加投入與關心。這種「自下而上」的治理模式讓居民成為政策的實踐者與推動者,增加了他們對社區的歸屬感與責任感。例如,忠貞新村

「手拉手」是一處結合文化實踐與社會參與的基地。(筆者提供)

的雜貨店計畫就是一個很好的實例，透過社區內部的行動者擔任店長，居民不僅能就他們的日常需求發表意見，還能將這些需求轉化為實際的社區服務，從而實現資源的共享與價值的共創。

最後，共創治理的另一個優勢在於它能有效解決地方性問題，讓解決方案更具適應性與實效性。由於龍岡地區居民的文化背景和需求多樣化，透過共創治理，能夠針對社區中具體的問題，集結不同的知識與資源來尋求創新解決方案。例如，針對不同族群的生活需求，居民們可以透過社區會議討論如何改善公共設施或調整市場供應，讓這些政策更加符合不同文化背景的需求，達到共贏的局面。

龍岡地區的多元文化不僅是社會和文化上的豐富性，更是當地經濟發展的驅動力。忠貞市場和米干節等活動已經成為當地經濟的一部分，吸引了大量遊客。這些文化活動帶動了地方經濟，並且提升了地方品牌的價值。從一個以軍眷文化為基礎的地方，龍岡逐步發展成為具有國際吸引力的觀光地點，這不僅有利於當地的商業繁榮，也提升了新住民的經濟地位，讓他們能夠通過自己的文化與資源貢獻社區。運用共創治理不僅是解決當地公共問題的一種有效方式，它還具有促進多元文化融合、激發創新、提升社區自治與加強居民參與感的多重優勢。隨著政大 USR 計畫中雜貨店項目的實施，這些共創治理的優勢也正逐漸在忠貞新村發揮作用，推

動龍岡地區朝著更加和諧、多元與可持續的未來邁進。

　　整體而言，龍岡地區的多元文化不僅僅表現在飲食和商業活動上，更深刻地影響了這裡的社會結構和居民互動。由於忠貞新村聚集了來自不同背景的居民，包括來自滇緬、泰國、寮國的眷屬和後來的東南亞新移民，這裡的文化融合過程顯得非常獨特。這種多元的文化基礎造就了包容性，讓不同族群能夠彼此學習、包容與尊重。龍岡米干節等活動不僅吸引了外來遊客，還促進了當地居民之間的文化理解和共享。這種融合為當地帶來了強大的文化創意和商業動力，使龍岡不僅成為美食文化的集散地，更成為文化交融的象徵。

　　而雜貨店在忠貞新村社區扮演的不僅是商品交易的角色，更是串連居民需求、促進公共服務共創的平台。透過多元文化的融合與共創治理的實踐，龍岡忠貞新村不僅成為了美食天堂，更成為了多元文化共融與創新的典範，持續為當地居民和遊客提供豐富的文化體驗與經濟機會。

未來發展與持續創新

　　透過雜貨店這一平台，未來忠貞新村還可以進一步探索如何在數位化、綠色經濟等領域進行創新。雜貨店未來或許能成為一個線上與線下互通的數位平台，促進更大範圍的文化交流和商業合作。同時，面對氣候變遷等全球性問題，這

一平台也可以成為推動社區環保行動的場所,探索更加永續的生活方式。

蘭嶼東清灣與拼板舟。(筆者提供)

東清灣前雜貨店

| 江薇玲（Sipnadan）

影像工作者

　　2016 年夏，剛結束環島拍攝回到家裡，發現客廳桌上有一封黃色牛皮紙袋的包裹，收件人是我的名字，但收件地址不是我家，上面寫著「東清灣前雜貨店」，寄件地址是從台北寄來的。正納悶這件包裹信是怎麼到我家的，於是打了通電話給正在雜貨店顧店的表妹，她說是郵差送來的，我說

這樣沒有地址也可以寄到喔！一說完我倆在電話裡大笑，也只能說蘭嶼的郵差也太強大了，使命必達啊！

打開收到的包裹，裡面是一本「王信」的二手攝影集，沒有任何信紙或紙條，於是再看信封上的寄件人，原來去年曾經接待過當時討海魂書籍的寫手，當時的我正在後製剪輯我的第一部獨立製作的紀錄片《二姨丈的 TATALA》，那段時期也是我最燒腦的日子。我白天會去幫忙姑媽顧雜貨店，到了晚上回到房間裡再繼續剪片，也可能是因為太常看到我出沒在雜貨店，所以用這種貼心不打擾的方式直接寄了一本攝影集給我。

姑媽的雜貨店是開在她們家前廊所加蓋的一個長方形小空間，雜貨店後方是原本的住家，而姑媽家正前方就是大馬路，大馬路下方就是東清灣，東清灣灘頭上擺上的是部落族人的拼板舟，是部落舉行各種歲時祭儀的場所，也是遊客最喜歡拍攝日出的地方，雜貨店往右看有一個方形廣場，白天是停車場，晚上則變身成東清夜市，夜市的前身是東清黃昏市場，主要是部落族人山產、海產的交易所在地，近期因觀光盛行，越來越多人開始在此設攤賣起夜市小吃，夏日的東清夜市總是燈火通明，吸引島上許多族人及遊客前來。

姑媽與姑丈原本是開中式早餐店的，早餐店的位置位於小學生上學的必經的路上，主要客群都是小學生及部落家長，曾經擔任村長的姑丈在小朋友買早餐的同時，也會督促

蘭嶼東清國小彩繪牆。（筆者提供）

　　他們要均衡飲食，看到睡眼惺忪不想去學校的小朋友，有時還要精神喊話，要他們提振精神去學校，有時前來買早餐的小朋友及家長忘了帶錢，姑媽就從抽屜拿起一本筆記本讓他們賒帳，為的是讓小朋友都可以吃到早餐。每到晚上十點，姑媽的手工黑糖饅頭出爐時，總會飄出陣陣饅頭香，這也是唯一讓我離開剪片的電腦前的香味，離開房間走到姑媽的早餐店，一顆顆熱騰騰三角形白胖胖的黑糖饅頭出爐了，撥開來融化的黑糖汁緩緩流下來，大口咬下是我剪片時最幸福的時刻。

　　姑媽的雜貨店是在 2013 年開的，當時部落已有三間雜

貨店，雜貨店開的位置都在部落的中央或上方，部落的族人是主要消費者，當時決定要開雜貨店時，開店的位置也是經過了一番思考，因為在部落開雜貨店，會來消費的大多都是自己的親戚及家人，在一個一百多戶的部落裡，長住的人大約只有兩三百人，要開第四間雜貨店對於部落市場是已經飽和了，再開一間不知道能不能經營的下去，因為自己親族也有開雜貨店，為了不要互相爭搶前來消費的客人，於是姑媽選擇開在自己的住家，也就是在聚落的最外圍，沒想到兩年後，因來蘭嶼觀光的遊客變多了，原本的部落外圍雜貨店，竟然成了東清灣前最熱鬧的雜貨店。

　　在顧雜貨店的那段時間，也同時是我人生最關鍵、混沌，最需要整理出思緒的時段。一大早天光未亮之前，姑媽會先去她的田裡除草，六、七點再趕回雜貨店開店，大約等到下午兩點，再打電話來叫我去幫忙顧店，她要接續去整理水芋田，那時的我時常一肩背著手提電腦，帶著硬碟前往雜貨店顧店，坐在收銀台前，一邊等著客人上門，一邊看著電腦剪片，有時，若姑媽沒打電話給我，反倒是我家裡養著小幼犬「歐巴」常常一早把我的一隻勃肯鞋叼到雜貨店，當我正愁找不到鞋子的時候，姑媽就會打電話來說：「妳的鞋子又被歐巴叼到雜貨店了，還是你要不要就順便幫看店了」，所以有一整年在剪片的時候我都在雜貨店裡，而在雜貨店裡除了我家的狗兒子「歐巴」陪我之外，姑媽家還有「平

安」、「小姐」、「忍耐」、「喜樂」共有五位狗同事陪我一起顧店。隨著遊客越來越多，那五隻可愛的狗同事就會在大門口躺著，擋住了入口，我就會大聲的說：「小姐！走開，客人要過」，已經在雜貨店的女客人就會回頭看我，我也只好尷尬的笑笑說，躺在那裡的狗名字叫「小姐」，不是在說妳，也鬧出了不少笑話。會來到東清的遊客大多是去體驗划拼板舟及逛東清夜市，因雜貨店就在大馬路前，遊客有時也會順道進來逛，但大多是逛一圈又走出去，又或者是來借廁所，上完廁所因不好意思就順道買了十五元的鋁箔包紅茶，所以雜貨店依然沒有太多遊客會進來買東西。

在我看店的時段裡，大部分是下午兩點到晚上六、七點，下午時段最常碰到的客人是剛放學的小學生、東清灣拼板舟體驗的教練團、剛餵完豬的阿公、阿嬤，還有剛從田裡回來的媽媽婦女們，有時週末還有從蘭嶼國中回來的國中生。

下午時分，第一批遇到的客人是剛放學的小學生，時常看他們三五成群的結隊前來，書包都還背在身上，最喜歡買雜貨店裡的巧克力、零食、紅茶、奶茶，有時身上沒有帶錢來的小朋友，會站在收銀台前問我：「我媽媽有放錢在這裡嗎？」我笑笑的說：「有，但媽媽說只能買吃得飽的，不可以買零食」，於是小朋友就拿著麵包走出去。有時部落媽媽若下午去田裡，沒時間接小朋友下課，會寄放錢在雜貨店

裡，讓孩子肚子餓時可以來店裡買東西吃，這些三五成群的小學生買完東西後就往東清灣旁的大平台，一個個趴在木棧平台上寫放學後的作業，有時遇到不懂的地方，就跑去隔壁問坐在涼亭裡等著遊客划拼板舟的叔叔跟阿公們，小朋友在阿公們旁圍成一圈，請阿公教他們寫作業，阿公們看著密密麻麻的文字，跟他們說：「阿公看不懂你們的作業啦，不要問我，但是如果你們要問阿公怎麼做船、怎麼划船，阿公很厲害的。」後來不知道小學生的作業有沒有寫完，因為從雜貨店轉頭再看他們時，已經一個個噗通跳到東清海灣游泳去了。

　　小學生前腳剛走出雜貨店，進來的是剛從學校回到部落的國、高中生，看著他們一身海釣背心、右肩背著保冷藍色小冰箱，左手拿著小釣竿，一進雜貨店就往有透明玻璃的冷凍櫃裡面看，姑媽雜貨店裡特地擺了冷凍櫃，主要賣一些部落媽媽需要煮菜用的冷凍全雞、五花肉、白蝦、豬頭皮，夏天時還會增加賣冰棒、冰淇淋，有時還會幫出海的人準備結冰水、魚餌、南極蝦等……其中一位部落高中生打開冷凍櫃，拿出了一盒紙盒裝的白蝦，再拿一瓶結冰水後來結帳，我看著他說：「要釣魚的南極蝦在冷凍櫃的最旁邊，這是白蝦比較貴，是媽媽炒菜用的」，他說，他要買白蝦當魚餌，用白蝦海裡的魚比較會吃、魚比較會上鉤。所以，白蝦原本是媽媽餐桌上的一道菜，在高中生眼裡是魚很容易上鉤的魚

餌，這魚餌的成本還真高，後來的後來有沒有釣到大魚我也忘了。

在顧店的這段時間，有時也需要用到族語算數，而我的族語數學老師是部落的阿公、阿嬤，他們最常出現的時段是下午四、五點準備要去餵豬或餵完豬的路上，經過雜貨店就停下來買些香菸、保力達或八寶粥、麵包、麵條、罐頭等等。部落有一位已年高八十幾近九十歲的老阿公，他家在部落的中央地段，他常常拄著拐杖，帶著雷朋樣式的太陽眼鏡、胸前戴著有耶穌像的十字架項鍊，緩緩地走進來，我向阿公問聲好之後，問他需要什麼，他說他要麵包跟飲料還有八寶粥，幫他裝袋之後，他就開始問：「ya apira?（多少錢？）」達悟族語錢幣的數字與年齡的數字用語很不一樣，當時我也常常搞不懂，所以每次阿公問多少錢，族語都說不出來，只好用計算機按給他看，但又不知道他到底看不看得懂，這時他就會從口袋裡掏出他的小錢包，把錢倒在收銀台桌上，開始數著：「asa ranow 一百……alima a ngernan 五十……。」把百元鈔票及十元零錢一個一個往我的方向移，然後很神奇的，阿公給的錢剛好就是他買的價格，我驚訝的看著他說：「阿公你好厲害」，他給我一個微笑，然後說下次我來你要記得要說族語喔。在目送阿公的背影離去時，他走到門口看到一位行動不便的另一位阿公，於是將他剛剛買的麵包、飲料放在那位阿公旁，跟他打聲招呼後，又

慢慢拄著拐杖離開，在一旁一起顧店的表妹說，她常常看到這位阿公把他買的麵包跟飲料送給需要的老人，他真的是活出基督信仰的一位阿公，心裡默默的敬佩著阿公的為人處世。

在我顧店準備要下班前，也就是姑媽也差不多要從山上回來了，這時看起來一身行頭準備要出海的 maran（叔叔）走了進來，一進門就往冰箱拿了兩包檳榔及提神飲料和保力達，急急忙忙說：「我先欠帳，等下 kaminan（阿姨）從山

孩子放學後圍繞者部落長輩寫作業。（筆者提供）

上回來，我再叫她來付錢」，這種說先欠帳然後說很快就來付錢的，往往都要等上一個禮拜、一個月、半年或更久，由於雜貨店的利潤不多，姑媽定價又常常是才賺兩三塊錢，利潤並不高，但因為都是部落的人，所以都不好意思不讓人欠帳，但我知道這是姑媽家唯一收入的來源，太多呆帳常使她們還需自己先墊付進貨款項，為了不讓姑媽雜貨店又多一筆賒帳，我堅持在我顧店時，不讓人賒帳。於是，我跟叔叔說：「不行，不能欠帳！」原本要走出門的叔叔，又看著我，說：「真的啦！阿姨回來我馬上叫她來付錢，他們在等我了，先幫我寫在簿子上啦」，後來真的凹不過他，只好說：「一定要趕快來付錢」。姑媽從田裡回來了，正在雜貨店外面清洗田裡拿回來的地瓜、芋頭，此時，一位跟姑媽從田裡回來一樣穿著工作靴、頭戴工作帽的阿姨急急忙忙走進來，她說要來付叔叔下午欠帳的錢，我說你剛從田裡回來嗎？她說：「對呀！我才剛從山上回來，連衣服都還沒換，你叔叔就叫我趕快要來雜貨店付錢，說要趕快去付，他怕妳下次不讓他欠帳。」阿姨還錢的同時，還一邊還錢一邊唸我：「讓叔叔欠一下有什麼關係，妳看我剛從山上回來，叔叔一定要我現在來還錢。」我也只好笑笑的。有了這次不讓人欠帳的顧店之後，有幾次有人想要進來欠帳買東西，走進門看到是我在顧店，有的人摸摸鼻子又走出去，有的人會藉故問姑媽在嗎？要我問姑媽能不能讓他欠帳，這些會需要賒

帳的人，大多是想要買酒的人，姑媽也是會看人讓人賒帳，若是買可以填飽肚子的，姑媽還是會讓他們賒帳。

　　一直到 2017 年夏天，東清灣前開了部落的第一間便利商店，隨著觀光潮的越來越盛行，東清灣前也開發了許多觀光產業，刺激著部落經濟，也開始聚集了許多小攤販、夜市、拼板舟體驗及民宿，東清灣前雜貨店，曾經也承載著部落的生命史，看著它的經歷，我很幸運曾經經歷過這一段與部落人事物最深刻的連結。

東古晉火車路上的華人雜貨店內陳列各國各樣的食品雜貨。（筆者提供）

古晉火車路上的華人雜貨店

│潘貞蒨

國立陽明交通大學人文社會學系族群與文化研究所碩士研究生／廣播電台節目製作主持人

　　雜貨店一直是充滿著地方飲食文化特色與當地味道的地方，多數人初來乍到一個陌生之處總是會想看看雜貨店的物品，和老闆聊聊天，好知道當地有什麼在地美味，了解生活

資訊，也可一探周邊人事物的特色與接收文化訊息，因此，雜貨店經常是移民村落的消息轉播中心，這是許多人初到新的地方時相似的經驗。

在柔佛田野調查已持續多年的學長說：「華人是隨著大英國協的殖民地發展而遷徙，而且當地的雜貨店通常都是客家人開的。」與筆者在台灣的苗栗縣泰安鄉（原客共生的原住民鄉）田野調查訪談過錦水村及大安村雜貨店也有客家人開店的經驗類似，引發筆者對觀察雜貨店的存在與發展的興趣，想進一步了解。

古晉為馬來西亞砂拉越（東馬）的首都，依據2020年馬來西亞人口普查數據中顯示華人占古晉總人口數約35.9%，和當地人提到華人約占40%相差不多，由於參訪了古晉華人歷史博物館和石隆門華工史蹟文化遺產學會、砂拉越客屬公會及新堯灣鄉村促進發展聯絡委員會等地，有機會與當地的華人互動，引發我對於古晉華人遷移到古晉時除了務農及被招募工作外，如何營生的生存經驗，產生興趣，因此，古晉華人雜貨店成為筆者調查的對象，了解當時移民的家族故事、如何落地在此開業的經驗，以及雜貨店中販賣的商品內容及跟周遭環境的互動，成為主要調查及訪談的內容。

筆者首次到古晉共調查了七處的華人雜貨店，分布在較多華人聚集的浮羅岸路、海唇街、亞答街、火車路、肯雅蘭

中心,多是開設了四、五十年以上的雜貨店。其中不同位置的雜貨店依著客戶的需求及環境與時代的變遷,當地雜貨店各式各樣陳列的商品直接反應出當地的生活樣貌,本文將介紹火車路上的雜貨店,以觀察紀錄及訪談口述為主,輔以相關的文獻資料。

古晉華人的歷史概述

位在婆羅洲島上的砂拉越河,其西南邊有馬來西亞沙拉越的第一大城市,並且為首都的古晉市(馬來語為Kuching),其面積有四百三十一平方公里。

《古晉老巴剎歷史掌故與生活變遷》書中提到,根據古晉廣惠肇公會的資料記載,其公會創辦人之一的廣東人劉直,約在1820年代就與數位同鄉到達古晉,長期從事務農及小買賣經商,為砂拉越官方認定最早抵達砂拉越的華人。

1839年初次到達古晉的英國人詹姆士布洛克及其隊伍,觀察到古晉已有二十多個華人在此活動,同時也有馬來屋(甘榜),砂拉越河邊也有一座古廟,雖未載明那座古廟,但史家多推測為「大伯公廟」(其創廟年份不詳),為此廟最早出現的記載。

1848年此期為華人下南洋的高峰期,因得知砂拉越的白人拉者布洛克新政權需開發砂拉越,華人紛紛自中國經

新加坡到砂拉越來找尋新的機會。第二代白人拉者查爾斯布洛克多次公開認可華人的貢獻之外，1883年更明確指出：「要是沒有華人，我們什麼也不能做」（without the Chinamen we can do nothing）。

1848年初到古晉聖公會的麥陀鵝主教等人，同行的夫人海莉特記錄了當時的古晉「有華人和印度人的市集各一，規模都很小」。依海莉特的記載可清楚判斷所記載的華人市集為「老巴剎」，較晚由甘蜜街及印度街等組成的印度市集為「新巴剎」。

因此以古晉老市集「老巴剎」的海唇街、十九世紀中期繁榮的亞答街、象徵古晉貓城的大白貓雕像佇立在入口的牌樓前，被稱為「唐人街」的浮羅岸路，還有古晉最早結合住宅、商業、教育及行政機關而開發的綜合性衛星城鎮的肯亞蘭購物中心，以及曾行駛火車如今拆除軌道的火車路上的華

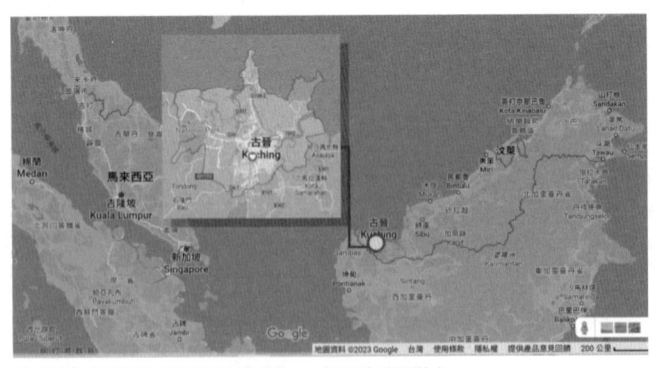

古晉市在砂拉越州的位置。（筆者提供）

人雜貨店，為筆者初到古晉探訪的對象。

火車路上的華人雜貨店

　　招牌為「高祥貿易公司」的雜貨店在火車路上，這路名的由來是因 1980 年初建造的火車行駛的火車軌道，當初連接古晉三哩鹽柴港巴剎及青草路，連接著古晉巴剎至現稱哥打巴達旺的十哩巴剎。剛開始投入服務時，每天共有五趟，而行程是從古晉到十哩巴剎，每趟只需三十五分鐘。當時火車服務逐漸流行時，在 1922 年就推出了夜班車的服務，最後一趟從古晉出發是晚上九時。

　　漸漸汽車工業進步，隨著巴士的服務以及越來越多的汽車被引進之後，砂拉越政府鐵路公司需要花費龐大的費用在保養及維修上，但是使用的人數不足以維持營運，因此鐵路服務在二戰前數年就停止了，而將原有的火車軌道就改成了現在的「火車路」。這一區主要是以華人為主的生活圈，周邊有以華人居多的律師事務所及辦公室等各類行業，在店的後方有獨棟獨戶的別墅型住宅區，門口掛著紅色的大燈籠呈現著華人生活的軌跡。在步行約十分鐘左右有日資 AEON 的購物商場，自然有大創等日資企業進駐，並且有壽司、生魚片，但賣場中竟然找不到日本日常必吃的味噌，令人驚訝。

火車路上的華人雜貨店自 2002 年開設，老闆為二代接手的客屬華人，他自小看母親從經營麵攤後累積夠資本再來承租這個店面經營雜貨店，先前以採購的身份到各地去尋找可以在店裡販售的物品，走到山上的雜貨店找貨就因此熟識了同為客屬華人的老闆及其家人，十多年來，山上的雜貨店也從同行成為了親家。

　　老闆娘在店內忙完結帳又再理貨給客人，一直忙進忙出說：雜貨店的事一直都有，永遠忙不完的。她有 IBAN 族的血統來自外祖母，外祖父為移民到古晉的客家人。跟著外祖母居住在 IBAN（伊班族）的 kampung（村落），就讀華文小學，學習華文到小學畢業，但在家中都是以客家話為主要溝通語言，客語相當流利，同時她也提到她母親的姐妹五人都嫁給客家人為媳婦，十分特別的家族故事。

　　她的女兒目前就讀古晉中華小學第四校，為升學的華文小學，女孩說之前有台中的學生到她的學校去交流相當有趣，且印象很深刻，也希望有機會去台灣看看。古晉中華小學第四校的校地為砂拉越客屬公會所有並參與經營，並且在古晉擁有多處精華區的店面、義山及辦理結婚登記、調解問題的資格與能力等等，公會在華人圈具有一定的公信力及影響力，未來也對客家文化的傳承有著高度的熱忱，特別是年輕人想來台灣交流學習如何保留客家文化及語言的傳承。

雜貨店內多元文化的食材

　　雜貨店裡主要販賣產品有小魚乾、醃酸菜、紫蒜頭、米、香料、罐頭、糖、茶、糖果、餅乾、泡麵、果乾、紅棗、陳皮、調味粉、醬料洗潔精、洗潔用品、塑膠袋、成藥等等。服務客戶為周邊餐飲店訂貨，周邊公司行號、居民及觀光客都有。

　　雜貨店的陳列及空間運用相當好，騎樓處左側門前有橫的平台放洋蔥、蒜頭等根莖類販售，其走廊有小架子放各類的香料，如肉桂、茴香等等，小架子右邊放滿約 A4 大小包裝的乾辣椒，其後方有一小小的櫃子當工作桌為老闆整理或修理東西的空間。走廊門前另一側有橫的平台放滿小魚乾，有來自泰國（口感較粗糙但便宜）、西馬（口感較好略貴），另有中國進口大桶的福菜及小包裝，我好奇問老闆為何同樣的福菜有兩種包裝，老闆說大桶的福菜比小包裝香。

　　寬敞的雜貨店，大約有十公尺的面寬，店面深度約有十到十五公尺，延伸到後方，入口室內右側為收銀櫃檯，後方為放置各類米袋包裝的米，中間有三列層架，由右而左，堆放大包米前、位在入門最右邊的架子有「胡椒專區」，因為目前全世界五大胡椒出口國之一的馬來西亞，其主要產地在砂拉越（Sarawak）州占約九成，並且當地的氣候及地理環

境適合胡椒生長，讓砂拉越成為全世界最優良的胡椒產地，加上熟識胡椒出口的大貿易商，因此店內的胡椒包裝及樣式相較其他商店更多樣且齊全，故此架子的左側放白胡椒、黑胡椒各種各類包裝，如粉狀、粒狀、小瓶裝、一百克、五百克、一公斤……等等，放滿半個架子，並且店門口前有一小角的桌上，放置高邊的長盤中散著許多的胡椒粒及一個小的夾子，老闆說那是要將生長不好的胡椒粒用夾子挑出來，維持整體胡椒的品質後才能包裝販售。可見胡椒除了是店內的主要明星商品之外，其品質的控管也是相當重視。

另外架子的右側則是兩三家廠商的紅茶、咖啡粉有一公斤裝或五百克裝、青草茶等等飲品，提供周邊商店或公司行

高祥貿易商店門口左側魚乾及胡椒架。（筆者提供）

採購。右數第二個架子則是各類水果罐頭：荔枝、鳳梨、芒果……。第三個架子以乾精糧的餅乾糖果為主，如乾泡麵等等，第四個架子在左側室內的牆上，以中國進口的調味料及配料為主。

雜貨店與在地的互動及關懷

雜貨店在地二十多年了，有原居住在附近的整個家族，搬到新加坡，一年回來兩三次堅持回來買當地的胡椒，老闆娘說：「客人說新加坡的胡椒味道比較淡，才每次回來都會買店裡的胡椒回去」，來自婆羅州特產店的張老闆也有同樣的說法：「原產的胡椒被抽去胡椒精華做香精了，但外形沒變，有人也會再拿出來賣，但味道就淡了。」拜訪期間也有往來多年的老客戶約莫七十多歲的男性長輩，開著高級轎車來採買醬油，老闆笑著向我說：「他是大老闆，你來訪問他好了。」可見他們的好交情，其實看著他們的互動，多是藉著購買食品來聊聊日常，更有周邊的咖啡廳老闆來批貨也會彼此關心一下近況，另外老闆也協助馬來族的穆斯林婦女提供水幫車子加水，也會配合客人的需求去找貨來賣，如一般常用的成藥及香料。因此雜貨店也成為了周邊鄰居客戶們的好朋友，除了支持彼此的生意之外，也自然地建立起街坊間的在地關懷情誼。

目前店的營業時間固定在早上九點開門下午五點收店，周日休息，因此周邊的公司行號有時員工會拿著公司的採購品項清單來店裏選貨，看著採購人員選好後和老闆娘話家常的自在，感覺都是長期配合的狀態；也有開早餐咖啡店的華人老闆自己騎著自行車來採買少量的物品，咖啡店老闆說來此採購都已經很長時間了；另有周邊的餐飲店來叫貨，都是提早下訂單讓店裡準備好再自己開車來取貨。有天下班時間看到老闆將車子的電瓶拿到店裡，好奇的問了一下，老闆回應：「上次把貨車停在店門前，電瓶就不見了，現在天天下班要把電瓶拆了放店裡。」真的是在不同文化環境下就要有不同的反應機制。

　　「高祥貿易公司」以雜貨店的形式，位在人群聚集且華人居住、開業為主的火車路上來開店，維持了二十多年，經營模式以服務當地的顧客為主，部分品項會依客人的需要來調整增減，特別是胡椒多類型的包裝為此店的特色產品之一。另外，華人到了不同的地區仍會保留某些相同的習性，如小額賒帳的經驗，在談論有關田中鎮雜貨店的論文中也有記錄。隨著時代的變遷，因大型商場的漸漸開發，雜貨店的維持仍是受到影響，但街坊間的人情味、華人間的人脈及互助互惠關係、長期客戶的支持依舊是延續雜貨店經營的動力之一。反觀自己調查過的台灣雜貨店也有相似的發展經驗，如小額賒帳等等，其中古晉的多元族群互動及田野調查的體

驗，一再打開我原有的認知並產生多層次的新視野，十分感恩由族群與文化研究所提供移地教學課程的學習經驗。未來期待能再到古晉，再次記錄在地雜貨店的發展、傳承與轉變，拜訪調查中幫助我的古晉在地朋友們，延續台灣與東馬之間的情誼。

參考資料

1. 蔡羽、鄧雁霞、鄭玉萍，古晉老巴剎歷史掌故與生活變遷，2021
2. 古晉老巴剎區民眾聯誼會。網站 https://kcholdbazaar.com/028-the-kaying-community-association/

手拉手空間內部照。（筆者提供）

「手拉手小小店」：忠貞社區雜貨店的再生與多元文化的共生

| 黃秀柱

桃園市平鎮區忠貞社區發展協會副總幹事／桃園市手拉手社區永續發展協會理事長

　　桃園市平鎮區忠貞社區發展協會位於忠貞市場生活圈，地處平鎮區、中壢區與八德區三行政區交界，為多元族群生活區域，包括平鎮區忠貞里（1,867 人）、貿易里（2,479 人）、中正里（2,079 人）、中壢區龍平里（3,299 人）、八

德區龍友里（2,525 人），2024 年 8 月設籍人口總計 12,249 人。忠貞市場成為周邊社區民眾難以切割的共同生活圈。

　　桃園龍岡地區原來是一片茶園，1953 年因著雲南部隊撤台，帶著來自於雲南與中國各省的軍人及家眷，開啟眷村的發展，有忠貞新村、貿易七村和中正一村約五百多戶，以最早成立的「忠貞新村」最為聞名。爾後隨著生活需求經濟發展，吸引各地客家、閩南族群移入，加入本區各行業經濟活動；2007 年後因《國軍老舊眷村改建條例》，人口大量遷出至桃園新建眷村大樓；但隨之 1970 年代末期台灣開啟「外籍新娘」和緬甸華僑依親政策，外籍配偶及新入籍華僑成為移入本區人口的生力軍，人口逐漸回升；至 2015 年新型超高社區大樓啟用，帶動北台灣各地人口也相繼移入，幾波人口移動更迭，形成多元族群文化人文特色的匯集社區，在一般都會區中獨具一格。

　　忠貞社區發展協會於 2020 年 1 月創會，創會會員以新式大樓的住戶為主要成員，因龍岡忠貞社區已有數十年沒有進行人文景觀田野調查，社區營造活動也非常缺乏，因此，協會首要工作著手社區田野調查。在早期眷村聚落各戶人家大人小孩總是在村子巷弄中穿梭，家戶間炊煙相聞，竹籬芭內有著共同生活的空間與記憶。但有個有趣的現象，眷村居民們卻鮮少與近在鄰路村子的人往來，本區過去的經濟條件相對貧困，影像的保留十分稀缺，而人來人去的居住人口移

動,想蒐集過去的生活資料更加的困難。因此,形成大家耳熟能詳的眷村,卻未如傳統農村般能有歷史脈絡,更難利用世代的連結傳承開啟社區營造,社區民眾每日穿梭在市場巷道間,成為擦身而過「最熟悉的陌生人」。

　　社區人口分佈並非如外界印象眷村老兵身影依舊,而實際上不是已舉家遷移就是凋零,高比例的移入人口,有1980年代華僑依親人口及外籍配偶移入,與近年桃園淨移入人口的現象相類似,許多年輕夫妻及小孩的家庭,於是,忠貞社區發展協會社區服務工作以協助婦女育兒期的負擔為先,首先投入社區國小學童的陪伴照顧,執行過程即發現部分單親媽媽極需要增加收入改善經濟條件,而同時需要兼顧孩子的養育,另外有一部分因育兒需求暫停工作,專職照顧孩子的媽媽,也需要維持與工作及人群的互動連結,而成立了「忠貞 Go 購團購」實習店,成為忠貞社區雜貨店的前身。

　　2019年底突如其來的「Covid 新型冠狀病毒」疫情,引起了世界性數年的恐慌動盪,在限制人員活動又要陪伴照顧社區孩子的情況下,社區服務婦女兒少的服務工作舉步維艱,在全球艱困的情況下,很幸運的來了位桃園返鄉青年「仙女姐姐」(黃秀柱)加入了忠貞社區,直至今日她幾不懈怠照顧陪伴著孩子;於此當時還有自英國的手碟品牌 NovapansHandpans David Wexler 及 Gina Chen,帶著手碟音

樂與社區孩子分享,開啟「忠貞小手碟」音樂工作坊。「忠貞小手碟」更在該品牌中文培訓講師陳濬培,持續不斷與社區學童陪伴照顧同步前進,雖然因孩子成長及家庭變動成員多有變化,但受惠孩子數量有增無減。但當時「忠貞 Go 購團購」實習店的營運,因單親媽媽工作及養育孩子的突發狀況多,以及協會能力不足之下,輔導他們從事團購的計畫並不順利,經過了一年多考量孩子不曝露在疫情高風險的開放空間下,將服務據點遷移至大樓樓上空間,暫時終止了團購實習商店營運。

諾瓦手碟 NovaPans Handpans Taiwan 共同創辦人 David 與手碟班小孩交流分享手碟。(筆者提供)

當 2023 年 4 月疫情逐漸緩和，在大家的齊心努力下，據點再度遷至較容易親近社區居民的一樓空間，繼續推動社區服務，由於桃園返鄉青年「仙女姐姐」，同步啟動青年地方創生，我們就將這社區雜貨店叫「手拉手小小店」，以小小空間為基地，快速展開青年創生據點成立，目前吸引了多位社區年輕育兒父母加入，尤其有多位因育兒停止工作的全職媽媽，在近一年的時間內，對社區「人」、「文」、「地」、「產」、「景」各面向進行分析，人文、經濟環境及資源進行田野調查，利用各田野調查資料培訓忠貞多元族群文化特色導覽員，設計具在地多元族群文化特色的深度導覽行程，開發「發現忠貞」市場導覽、「迷香忠貞」香料課程、「龍岡清真寺」深度探訪。當然「忠貞小手碟」發展也漸趨成熟，在北台灣各地表演約五十場次，充分展現忠貞社區活力，成為桃園新創社區文化基地。

　　忠貞社區發展協會以在地民眾的各項地方知識、青年的專業專長和新創文化，推動社區文化知識課程，邀請社區內各族群代表分享族群文化特色等，利用在地元素開發設計在地特色商品、遊程、教育等，吸引消費者目光強化市場競爭力，更發展各項跨地域、跨文化、跨年齡、跨知識領域等活動，設計具社會永續發展的核心價值，成為建立青年留鄉的基礎，並藉由「社區多元文化營造暨永續發展培力工作坊」的辦理，提升青年對於社區發展的了解，進而建置地方青年

返鄉／留鄉扶持生態。

2024年忠貞社區發展協會「手拉手小小店」加入政治大學社會責任辦公室教育部 USR 計畫「雜貨店 2.0 老店新開：順路經濟與社會資源整合平台計畫」，以「忠貞市場」多元族群人文飲食特色，與在地攤商店家合作，開發各項雜貨店商品，如具特色美食餐點、深度導覽旅遊行程、多元活潑飲食文化體驗、眷村與新住民融合風味「藏心水餃」、手碟公益的爆米花和各項手碟音樂周邊商品，將本區飲食、文化、宗教、建築、經濟等議題，呈現桃園龍岡地區的風情魅力。

此外，社區發展協會更以在地需求為起點，結合人文關懷，以及各項實質服務，協助解決區域內多元族群的各種生活問題，善盡社會責任，不僅成為地區物資及資訊的集散點，更是提供周邊社區店家和居民的溝通及生活協助平台，成為肩負社區服務，青年創生基地推動的新據點。目前已有多位返鄉蹲點青年為主力，並與在地／大專青年組成團隊，以個別專業發展地方創生、蹲點深根社區協同合作，建立正向積極循環之青年留鄉生態。社區引進青年活力能量進入社區，進行各項專業培訓、設計規劃課程及活動，讓青年專業職能投入參與社區永續發展；有志投入地方創生行動之青年夥伴能量，返鄉蹲點發展事業之機會與能量，發揮青年手拉手精神，由點連成線進而構成面建構青年留鄉生態。

「手拉手小小店」以開放的態度,將雜貨店的空間及設備,提供給青年辦公、小組會談場域、文創商品銷售,解決青年創業初期工作場域的投入成本壓力,有利於青年社區蹲點工作、地方創生發展的起步。透過工作據點常態性運作後更能匯聚青年的能量,除投入社區服務及地方創生,串連各青年推動不同專業領域經驗分享,以及協同工作的能力,以合作的機制排除青年創生專業量能不足的情況。藉由計畫各項培力及課程工作坊,提升青年團隊文化底蘊和多元工作技能,團隊成員間將各自社區現況交流,除於成果及推動多元族群文化展現青年專業、效能之外,同時促成將來個別社區間社區服務交流的開端。

除上述之外,將現在的基礎持續辦理各項青年地方創生培力,深度陪伴並培訓青年參與社區發展;提升青年對於社區知識和文化的認識,同時培養他們的專業能力,以推動社區的永續發展。我們的目標是創造一個青年友善的返鄉環境,讓青年在家鄉得以發展並得到滿足。專注於青年的專長利用和貢獻,並致力於打造一個良性的青年留鄉生態系統。透過青年的積極參與和貢獻,我們期望能夠活化社區的發展,同時促進社區的凝聚力和多元文化交流,從而實現社區的永續發展目標。長期目標更將累積的知識再創造,將各種資源相互串聯,打造一個區域型的中心(Hub),以建立永續發展模式並推動地方創生。這個中心將成為一個匯聚知

諾瓦手碟 NovaPans Handpans Taiwan 共同創辦人 David 與手碟班小孩交流分享手碟。（筆者提供）

識和資源的平台，為推動永續發展和地方創生提供支持和領導。我們致力於促進跨領域、跨界、跨地域的合作與交流，匯集各方力量，推動社區的發展與進步。透過持續的合作期望建立一個可持續發展的模式，為社區和地方的未來帶來正面而持久的影響。

　　忠貞社區人口族群流動在近二年逐漸趨穩定，過去這個「眷村」有著顯明特色，發展為豐富族群文化的聚落，人們居住的遷移中隱藏多少心酸血淚，在人與人的互動更有數不盡的動人心弦故事，老兵凋零眷村聚落的破碎、新住民移民的困頓辛酸、族群文化誤解衝突等等，在市場熱鬧的街景，許多人是每日擦肩而過最熟悉的陌生人，在陽光之下有著令

人期待的經濟發展,但在那陰影中仍有許多需要我們關心的族群。

　　雜貨店跟民眾的日常生活緊密有關,即便人們生活購物習慣改變,在滿足茶米油鹽等需求後,還有那人與人互動的情感交流。「手拉手小小店」將以雜貨店的小小星點紮根於鄰里街坊間,讓似乎只屬於上個世紀地表的光輝,再度成為由風土裡發展的社區雜貨店,依舊維繫人與人的互動,在這個迷人忠貞社區注入新的活力,透過溫暖的交流推動共生樂活社區。

墓園山腳下目前僅存的雜貨店。（筆者提供）

違建社區邊緣的雜貨店

|許　赫

創作詩人／國立政治大學民族研究所博士研究生

　　媽媽曾經開了好多年雜貨店，我常常想，若是我們家那個違建社區沒有拆掉，她應該會堅持到生命的最後一刻吧。

　　媽媽總是說，要不是鄰居搶生意太超過了，才不會在大馬路邊開雜貨。我的爸爸媽媽是一對私奔的情侶，放棄了在基隆的營生，跑到台北來隱姓埋名生活；爸爸原本是泥水匠，1972 年台灣大學附近正在蓋傳染病醫院，爸爸媽媽帶

著已經三歲的姊姊到工地來打工，爸爸是工地的泥水師傅，媽媽則負責為工人們煮三餐，姊姊就在工地玩沙。傳染病醫院的工程歷時多年，我在工地附近的醫院出生，一出生就因為心臟病住院，需要龐大醫療費用，爸爸四處籌錢，向常常光顧的小吃店借錢，小吃店老闆的叔叔在附近的墓園造墳，正愁找不到幫手，於是經由小吃店老闆的介紹，爸爸預支了工錢，開始在墓園工作，沒想到一幹就是四十年。

我們家住在違建社區的巷底，因為違建社區的巷子彎彎折折很是嚴重，我們家距離巷口雖然不遠，但要經過三個垂直的彎，也就是那種乍看是死巷，走到底才能看見路的彎道。很多有墓園修繕需要的客戶，按照地址找不到我家，問鄰居路怎麼走？鄰居為了搶生意，常常謊稱我們已經搬走了，讓媽媽非常氣惱。在我小學三年級的時候，媽媽終於狠下心，在巷口的馬路邊租了一戶平房，開店做生意，門口掛了大大的招牌，寫著墓園照顧與修繕。

開店做生意總要賣點什麼，媽媽想到台北市大安區裡面這一處遼闊的墓園，有很多工人在裡面工作，掃墓時節，也有很多家屬前來祭奠，這兩個主要顧客群，有些需要是重疊的，飲料、菸酒、餅乾、打火機、紙錢、香燭、手套、小鐮刀、塑膠袋等等，類型看來不多，但光是飲料就有二十幾種，把兩個玻璃門冰箱塞得滿滿的，餅乾與紙錢也各有十幾種，也可以把一個大桌面與三個展示櫥櫃擺滿。有幾年媽媽

還賣刨冰，薏仁、紅豆、綠豆、花豆、糖漿等，都要每天熬煮，實在很費功夫，有時候因為爸爸媽媽在山上工作準備不及，我們小孩在店裡只有清冰可以賣，在墓園工作的工人們夏天熱得受不了，還是會買冰，沒有料怎麼辦？他們忽然有人開始買飲料倒進清冰裡面，那陣子大家最喜歡的口味是維他露清冰，其次是養樂多清冰，啤酒清冰不算稀奇，還有保力達清冰。

雜貨店旁邊的巷口姊姊與外甥女合影。（筆者提供）

一直到 1990 年代，台北市區裡面還有一座幅員遼闊的墓園，從台灣大學旁邊的蟾蜍山一直延伸到現在捷運麟光站旁邊的十五份，跟延伸到南港的伊斯蘭教公墓相連。台北市鬼故事最多的辛亥隧道，很多人以為是因為鄰近台北市第二殯儀館所以靈異事件叢生，那是因為連續幾任台北市長的努力，遷塚數十萬，才讓大安區看不到墳墓。在 1990 年代，辛亥隧道上方滿滿都是墓園，並且向左右兩邊蔓延出去好幾個山頭，看不到邊際，這樣的視覺效果下，難免讓第一次

經過隧道的人受到不小驚嚇。媽媽的違建社區雜貨店，開在這好幾座山頭墓園之間，在一座稱作芳蘭山的墓園山腳下，每逢清明節與中元普渡，都有很多掃墓的家屬前來，把幾個路口擠得水洩不通。所以清明節是我家雜貨店的旺季，生意好的時候，餅乾紙錢銷售一空，根本來不及等批發商送貨過來，只好到兩公里外辛亥路上的超級市場進貨，無論餅乾、飲料還是紙錢，直接從架上搬貨，這時候我們小孩子最開心，爸爸忙進貨，我們就會偷偷拿幾個冰淇淋、口香糖、橡皮擦、自動鉛筆等等學生用品，雜帶在貨物裡面一起結帳，過足了逛街採購的癮。

清明節賣紙錢與飲料是雜貨店主要的收入，我們會在店門外設攤，把紙錢、香燭、飲料、鮮花等擺得滿滿的，那時候紙錢小的成本三元我們賣五元，大的紙錢五元賣十元，飲料成本疊上去五元，餅乾疊上去十元，鮮花每一對賺五十元。原本我們都把所有商品攤開來在攤位上，等著家屬來挑，挑好了放進塑膠袋裡販售。在 1980 年代我從小學三年級就開始幫家裡賣紙錢，基本上每一筆生意都是客製化的，每個人在攤位上挑揀的紙錢會不一樣，我跟姊姊應付人客很是辛苦，挑撿紙錢、算錢、收銀等，都很花時間。年紀大我很多歲的姊姊已經上國中，為了準備高中聯考，課業壓力很大，而且清明節結束常常伴隨著段考，她很想在周末假期好好讀書，可是卻被綁在攤子上。

為了想爭取時間讀書，姊姊跟我分享她的觀察，她發現其實有很多人客會表示不知道怎麼準備祭拜的紙錢與香燭，會請我們直接挑一份賣給他，所以姊姊找我幫忙，六點鐘就在攤子上，按照她開的清單，把紙錢揀好，放在塑膠袋裡裝成一份一份，每份賣一百元。清單的內容有土地公金與小銀各二支，福金、刈金、大銀、五色紙各一支，蠟燭一對，香一束。這些內容按照客人挑揀，應該賣八十元，可是姊姊認為八十元還要找錢太麻煩，直接賣一百元好了，欺負人客不懂行情。我們家的紙錢套裝開風氣之先，而且賣得非常好，後來墓園旁邊的攤販們爭相效仿，而姊姊則不用再顧攤，可以躲在角落讀書，那年也順利考上北一女中。

　　我上國中的時候是 1987 年，雜貨店出現了一種很奇怪的紙錢，一整疊看起來像鈔票，材質是白報紙，印得非常粗糙，一面是地藏王菩薩，另一面卻是一架飛機，面值是十萬。有個年輕人騎著野狼 125 來挨家挨戶推銷，媽媽看見這樣的紙錢真的很傻眼，跟年輕人說不曉得這是什麼東西，根本不知道怎麼賣給掃墓的人。我還記得那個年輕人怎麼教我們賣這個紙錢的，他說：「阿桑我跟你說，這個叫做美金。知道為什麼掃墓要燒美金給祖先嗎？這是有托夢的，說是現在很多祖先已經坐飛機去美國玩了，去了才知道金紙銀紙燒的錢不能用，要這種美金才行。阿桑你就照我講的這樣跟人客說就好，他們會買。」

媽媽聽了實在是不相信,但是年輕人說進貨不要錢,賣完再拆帳,拜託媽媽給他機會,找工作不容易。媽媽心軟就讓他擺了三包(每包一百疊),問了價格,媽媽真的很不看好,因為很貴,一疊賣三十五元,三疊一百元。媽媽跟年輕人說:「你賣太貴了,你看我們攤位上,一整個塑膠袋裡面紙錢、香燭,什麼都有才賣一百元。你這樣三疊就要一百元,人客哪有那麼好騙?」沒想到媽媽這次完全看走眼了,美金紙錢賣得爆炸好,起初年輕人放了三包,每包有一百疊,清明節後結帳,我們賣了二十六包,賣出二千五百五十疊,這墓園邊有十幾個攤子,光我們這個攤子就賣了近九萬元。

　　這事情讓我印象極為深刻,一直到 2016 年我開始在輔大兼課講文創產業,還被我拿來當文創教材,這美金紙錢不只抓住了時代的脈絡,在台灣經濟起飛的時候創造了能夠說服消費者的廣告詞:「祖先出國去玩需要用美金!」更具有創新價值的是,透過他們的創意,美金紙錢也越過了紙錢產業的進入門檻,這門檻是把金箔轉印的紙上的技術,聽長輩說,花錢去學要十幾萬元才能學得到。美金紙錢創造了紙錢的新品種,避開昂貴的技術,還賣得比原來的紙錢貴好幾倍,是 1980 年代靠創意打入紙錢行業的神操作。

　　媽媽把雜貨店開在墓園的山腳下,違建社區的最外圍,位置恰好在社區與墓園的交界處,是工人進出必經之地,這

樣的雜貨店，難免變成八卦訊息集散地，而媽媽就是那個最愛跟大家聊天講故事的人，媽媽講的故事，從報紙上看到的市井傳說有之，從婦女們的悄悄話裡面提煉出來的精彩八卦消息有之，從往來人客分享的生命經驗有之，自己親身經歷的坎坷遭遇有之，故事五花八門，則則精彩，深深影響我後來創作時候的風格與習慣。

　　雜貨店裡面故事交錯，編織出社區內部與外部的各種網絡，隨著時代改變，有的故事跟著翻新，有的故事消逝在人們的記憶中。媽媽分享的故事最驚悚的，是鄰居的一對兄弟相殘的故事。這對兄弟都在墓園裡討生活，哥哥是風水師，弟弟是造墳師傅，兄弟合作無間，賺了很多錢。兩人原本相處很融洽，但是弟弟造墳雖然賺得多，但是常常以原料漲價為由，拖欠哥哥看風水的費用，哥哥因為幫人看風水，把人客介紹給弟弟，弟弟更是一次也沒有給過介紹費。

　　兩個人的爭執起因是哥哥有一次帶人客來，介紹給弟弟造墳，弟弟開價過高沒有談成，人客還是在小吃店請哥哥吃飯，感謝他的引薦。鄰桌有個造墳師傅，聽他們說起造墳的事情湊過來聊天，後來把生意接走了，事後還包了紅包給哥哥，還提議未來若有合作，可以跟哥哥拆帳。弟弟知道消息對哥哥很不諒解，指責哥哥生意給外人做，兩兄弟因此時常吵架。有一次弟弟喝醉酒帶著菜刀去找哥哥理論，反而被為了自保的哥哥，失手抄圓鍬打傷了，在醫院救了好幾天沒救

回來。墓園的生意與搶生意,總是這樣赤裸又暴力。

媽媽也愛講鬼故事,尤其講自己遇過的鬼,小孩愛聽又害怕。媽媽講自己最常遇到的是夜裡有人到雜貨店借廁所。因為社區雜貨店沒有固定打烊時間,要是店裡一直有人聊天,或者關門撿紅點,都不免鬧通宵。我們家雜貨店沒有鐵門,木板門上是毛玻璃,所以晚上有燈,戶外都能看見。媽媽遇過各種人借廁所,凌晨三點多的都有。

有一次跟幾個鄰居撿紅點,玩得很晚,有個阿兵哥敲門進來借廁所,四個人都忙著玩牌沒注意他,直到五點多天都亮了,鄰居阿好嬸忽然問,你們有注意到阿兵哥出去嗎?另

阿爸跟阿母七十歲時候的合影。(筆者提供)

外三個人都說沒有,阿好嬸說他注意到阿兵哥進來之後,大門都沒再打開,表示那阿兵哥在廁所都沒出來。阿好嬸其實擔心阿兵哥會不會不舒服昏倒在裡面,於是大家趕緊去廁所,廁所門關著,阿好嬸去敲門,但是無人應,她大著膽子把門拉開,發現裡面沒有人。打牌的四人都感覺奇怪,人怎麼不見了。本來這事就當大家沒注意到阿兵哥出去就算了,別自己嚇自己。但事隔一個月,四人中有兩人被託夢,說有個阿兵哥來拜託他們幫忙,說他在墓園裡迷路,找不到路出來,怕被當作逃兵,要他們去附近的部隊通報。有次晚餐時間,媽媽跟爸爸聊天,無意中說了這件事,我聽了很害怕,從此睡覺都不敢關燈。

我本來想,媽媽是不是會一直開著店,直到她走到最後一天。可是 1998 年我們家這邊的違建社區拆了。原來我們這片房子都是違建,當初跟地主買的時候只有建物,沒有買土地,土地嘛,地主早就賣給台灣大學了,只是大學還沒有要過來這裡蓋教學大樓,所以允許這邊的房子像變形蟲一樣亂長。台灣大學後來徵收了這片土地,蓋了幾處大樓與教師宿舍,雜貨店的那一戶房子也被拆了,媽媽提早退休,我們都搬到了永和居住。

在永和找房子的時候,媽媽原本想找一樓的,打算再開一家雜貨店,一直到 SARS 期間,房價跌了很多,我們終於買了房子,而且在一樓,還帶了庭院。媽媽對房子很滿意,

常常在家裡比畫,說要是開店,這邊可以怎麼擺,那邊要添購什麼設備等等,可惜媽媽還沒把雜貨店開回來就去世了,家裡本有一台冰櫃,是媽媽打算賣冰棒添購的,我們連一次都沒插電,已經不在了,好像因為辦市集借給了同學,沒有再搬回來。

2014年政大烏來的來與網，讓我們的彼此關係更緊密。（筆者提供）

烏來，我在這裡織起

| 范月華

政大烏來樂酷計畫部落工作站經理／新北市烏來區原住民編織協會前總幹事

　　2013年起參與政大國科會人文創新與社會實踐烏來樂酷計畫，相遇距離政大最近的原住民部落──烏來。坦白說，計畫剛開始我並不清楚自己能夠在這裡做什麼，但是，我很確定、也很肯定我一定會在這裡認識許多織女，也會在這裡學習到我一直的夢想：學會織布，學會使用傳統地上水

平織布機。

　　從烏來福山部落活動中心，認識了烏來區原住民編織協會的皮雕老師——林慧貞，從這裡開始，我漸漸認識了每一位會織布與不會織布的部落居民，也在這裡與一些居民建立了不同層度的革命情感。然後，我也走進了烏來傳統織布文化的核心——新北市烏來區原住民編織協會。

　　這個協會的成立，主因來自於部落長久賴以為生、為傲的觀光事業「烏來山胞股份有限公司」，公司設立主要經營山地歌舞觀光事業，1993年被一場大火轟得一蹶不振，官方、資方及員工們大家也曾努力，並且也透過舉辦巡迴表演籌措資金，想要東山再起再掀烏來觀光歌舞事業的風華年代，無奈盛況難以再起。

　　1994年的米蠟・瓦旦鄉長（現在稱區長，漢名張娛樂）及議員張金榮與當年的代表會的代表們，在公所同仁的努力下，以家政班來規劃泰雅傳統工藝的學習計畫。這個時期的烏來女性們從初始觸碰泰雅傳統織布技藝，因而開啟了烏來傳統織布的復振之路，而這一條她們織了起來，就不曾想過要停止，因為漸漸的在織就的過程中，她們深深的以烏來屈尺群為榮。

　　除了鄉長米蠟・瓦旦與議員張金榮是當年的最佳推手之外，當年於公所任職的陳健秀科長與董戴茜科員，雖說是業務工作範圍，但是她們認真努力的陪伴與實踐長官們對於文

化治理的政見,還超級認真努力的執行課程培力並且協助將教學課程做了完善的整理記錄,這些資料在編織協會歷任理事長交接文物「黑色資料袋」中,讓我第一次知道這沉重的黑色資料袋,承載了編織協會自 2002 年起至那個時刻的重要文物。

「黑色資料袋」加上其他的相簿資料袋,內容包括了協會 2002 年 12 月 16 日成立的會員大會手冊,協會成立之前與之後的活動照片,協會承接委託的計畫成果報告,公所當年培力扶植大家設立工坊的名冊。

從這些資料裡面讓我認識協會成立之前公所開設的家政班——泰雅族傳統地機班,參與學員大家年輕時的認真,然後大家彼此扶植鼓勵,於是發現走進織布復振的婦女,幾乎是進了大門就沒有離開的婦女。他們大家秉持著泰雅族傳統的 GaGa 分享技藝。當然這一股瘋狂織布的學習風潮,也為這些婦女家庭帶來了一些小小的變革,婦女們專注織布忘記家裡老小們的餐飲問題,先生們回家找不到太太,但是在織布教室一定可以看見婦女不倦怠的織布樣貌。

織布讓這些婦女們彼此黏在一起,有活動大家一起相挺;有訂單,大家一起分享,錢少沒關係,重要的是分享彼此,讓大家凝聚。記憶中,有一回陪著婦女們接待外賓做織布體驗,因為參訪單位經費有限,負責的理事長說:沒關係,大家就一起喝咖啡、吃點心,快樂一下午也是成就。部

落的婦女們，經過長時間的學習，再次獲得公所支持，協助大家成立個人工作坊，鼓勵大家各自發展特色；然後公所又協助催生成立協會組織運作，讓大家除了有個人工作坊的空間，同時又有大家攜手共進的榮耀。

　　以編織協會為核心，自 2013 年起，十一年歲月歷經周小雲、林慧貞、周小雲、周彭玉鳳、高秋梅等歷任理事長，發現這個大家庭對於理事長的期許，其實還滿高的，沒有私心重視公共榮耀，在乎平平權權傳承分享，這一切其實也就是泰雅族的 GaGa。而每一任的理事長，任期內總是會做到資訊誠實傳達給理監事會與會員大會，對於繼任者，也會在自己的任期內好好觀察遊說接棒，為這個協會再續豐華。

　　2014 年政大烏來樂酷計畫第一年成果展「政大・烏來的來與網」，來來往往的人際網絡互動，我們邀請烏來的朋友們下山到大學參與我們相識一年的盛會，於是這個成果展有來自烏來的區長、頭目、議員、校長、耆老、織女、退休老師們，都在政大校園感受到來自大學端對於與部落共好、共學的態度。在校園行政大樓二樓展示廳，我們透過當時編織協會理事長周小雲的支持，代為向部落織女們說明，總計借到一百三十四件作品在政大校園展覽。在借作品展覽過程中，也發現織女們的不同個性，有人會一直詢問展覽細節；有人會詢問別人出借了什麼作品；有人在決定出借作品時，會當著你的面進行再次檢視與包裝，細心且謹慎；也有人會

2014年7月我們邀請烏來的居民參與成果展。（筆者提供）

把想展覽的作品全部搬出來讓你慢慢挑選，這個成果展覽結束後，我突然驚覺，她們怎麼都沒有人要我寫借據呢？

做為協會的理事長，凡事需要透過公開討論與諮詢，以林慧貞的年紀最輕來說，雖然要擔起任期內協會的發展運作，但是她還是需要與協會的理監事們一一溝通說明，每一個與公務部門合作的細節。例如：政大在烏來所要進行的合作事宜，涉及協會會員參與的機會，她必然是先向理監事會報告說明，然後再要求我逐一跟協會理監事們報告說明。甚至於，邀請理監事以外的會員們，也是請我逐一說明細節。

於是，我漸漸清楚了，我的發展空間不只是要協助慧貞

理事長,同時還要協助她一起讓編織協會這個團體走出烏來,走進世界;進行展覽、交流、教學分享,做這些工作的時候,我需要很清楚雙方或是三方、四方,大家想法進行溝通協調。可能會遇見的狀況,也會與慧貞理事長溝通,讓她在會務工作上,可以更清楚自己的優勢。

2015 年春天我客製化訂做油桐木的傳統地機全套設備,來自卓溪鄉山里部落的師傅專程幫我送到烏來,這個時候烏來還是沒有人有意願開設泰雅傳統織布班課程。

2015 年 3 月協會受邀在台北文山公民會館,舉辦為期六個星期的「用手來織新織事」展覽、講座、織布體驗,慧貞理事長為了開場的致詞,足足緊張了好些日子,最後麻煩我幫忙寫稿子讓她背稿子,為了緩解她的緊張焦慮,我再次看見,我需要做什麼了?我需要在陪伴過程中先讓她吃一頓美食,再培她聊讓她驕傲或是有趣的事情,然後很有心機的穿插一些講稿主題,讓她記在心裡不用硬背稿子,這樣就會可以有很得體的表現。

2015 年蘇迪勒颱風重創烏來聯外道路,政大啟動重大災害陪伴計畫,先於網路建置災情現況資訊網,讓外界及旅外遊子知道部落的家的現況;另外,也與新北原民局合作,展開暫時安置居民的心靈陪伴工作,我們將學校的投影設備、筆電、音響設備等搬運到安置中心,與兒童居民們一起 k 歌、放映泰雅族文化的相關電影、與居民一起書寫颱風日

誌、邀請部落體育系青年一起與居民進行籃球運動,這一趟極度專業的陪伴過程,最後還讓原民局等單位讚賞不已,真的是難忘的過程。

2016年5月我們前往北海道的札幌、阿寒、二風谷等三地進行與愛努族的交流展覽事宜;這一趟的交流,烏來有十二位織女及公所的區長及課長同行,建立二國二地的民間情誼,這一趟的交流展覽過程,還意外的兼任起國民外交的義務,很臨時的受邀前往札幌辦事處,為總統就職典禮上展現烏來泰雅的歌與舞。

2016年9月排除萬難幫助協會申請的部落大學課程——泰雅傳統地機織布通過了,我終於可以開始進行我的泰雅織布夢想。這一年,政大也想盡辦法支援烏來的傳統地機織布課程,於是每位學生都有了一件自己的傳統方衣,來自於我手織族服、我穿族服的小小夢想,也在大家心裡種下。

2017年3月我們前往美國洛杉磯華僑文化會館交流展覽事宜,認識了台灣的海外僑民對於台灣原住民族文化理解的落差,也認識了文化部的台灣書院正努力的推展台灣多元民族文化的用心。

2018年我們前進國立臺灣博物館、烏來泰雅民族博物館、日本國立大阪民族博物館與奈良天理大學參考館進行織品研究分析調查交流,期待在不同的庫房內尋找烏來屈尺群

2018 年 1 月我們第一次進入國立台灣博物館進行烏來屈尺群文物庫房檢視紀錄。（筆者提供）

老人家們的織品。

2019 年協會會員經過前幾年政大團隊的陪伴之下，漸漸興起自主意識，於是透過與政大王雅萍老師的清邁華僑學生陳彩雲的幫忙，首次進行清邁染織工藝的學習交流之旅。這一趟的自主學習，從周小雲理事長的感動中，掀起手織族服烏來泰雅編織節的構想，同時也得到公部門的支持。我們在這一趟旅行還入境隨俗，大家都買了一套泰國的服裝，參與她們的千人族服踩街文化。

2020 年第一屆烏來泰雅編織節終於在烏來舉辦了，女性族服織作班吸引了三十二位織女、一位織男的投入。雖然

是與全台泰雅運動會掛在一起，但是能夠有個開始，便是一件美麗的故事。

2021年第二屆烏來泰雅編織節——男性族服織作班開設，報名人數二十六人。這一年持續前一年有穿上族服踩街的小遊行，但是這一年幾乎都是二年族服班的家庭全員動員。

2022年達卡工作坊正式與新店崇光社區大學烏來偏鄉合作二門課程：烏來屈尺群織品創生與烏來泰雅傳統地機課程。

2022年協會第一次接受新北原民局的委託案，協助製作polo衫衣領門襟部分的織帶織做標案，協助理事長檢視標案中的所有細節，並且將主要的條件、內容等重要資訊逐一標示，讓理事長清楚明白。

2022年達卡工作坊串聯六家工作坊相挺她們的好朋友泰國法政大學的私交情誼，在疫情期間於政大達賢圖書館與烏來達卡工作坊進行為期二周的「泰泰女藝染織聯展」。

2022年烏來區原住民編織協會二十周年，理監事會決議自行籌資辦理連續三天的周年慶活動；開幕當天，各相關業務長官及長期關注烏來傳統織布的文化學者們，都不遠千里而來。籌畫執行的烏來在地年輕人林冠瑾與高玉玫這二位好姊妹，還逐一拜訪協會各會員，並且錄製相關影片祝福協會二十歲。

2023 年初第十一屆理事長改選由年輕一輩的沈美露會員當選，這次沈美露的當選同時也代表了協會正式進入交棒年輕人的決心。而我也在這個時候卸下編織協會總幹事的職位，因為耆老會員們決心要讓年輕人可以有更美好的發展空間。

2023 年達卡工作坊與已經合作二年的新店崇光社區大學，將泰雅傳統地機課程由平紋織、平紋挑織、斜紋織、菱形紋織，正式進入重製與高階技法，這門課程的指導老師一直都是從花蓮萬榮鄉紅葉部落遠嫁到烏來的尤佑・倍苓老師；因為學生們持續不間斷的學習態度，讓老師首度將自家典藏的老布，分享傳授給教室內的大家。

2024 年崇光社區大學新北教育局要求推薦終身教育奉獻獎，學校提名尤佑・倍苓老師，經過評鑑，老師也順利榮獲新北教育局終身教育奉獻獎得主。

也在這一年，尤佑老師帶著大家重製達卡老師收藏來自於環山部落的老布；而具有織品分析能力的老師們，更是不顧自身腰椎疾病，硬是以傳統地機方式織了一塊布，然後再以桌上型高機以相同技法織出相同的布。

2024 年尤佑・倍苓老師七十八歲，因為長時間投入傳統地機教學與製作，應兒女們要求不可再對外傳授課程，烏來傳統地機課程再次暫別烏來。

這麼長時間可以在這個烏來進行這些紀錄，並且參與這

些婦女們與傳統織布文化相關的事件進行過程，其實最主要是烏來這些曾經經歷觀光事業大起大落的婦女們，對於進入烏來的異族們擁有相當大的包容與接納。而我真的是非常幸運，能夠被大家接納，成為大家可信賴的記錄員。

2019年周小雲再次榮任協會理事長，我也正式掛牌成為協會的總幹事，從有名無實到有名有實的無給職總幹事。對於這個工作，我其實是樂在其中的，因為在這裡最有價值的是，這些握有無形文化資產能力的傳統織布工藝家們，在她們所完成的每一件作品，都不難看出她們雖然大大多數無緣從自己家族的女性長輩口中、手中傳承到家族的手藝，但是，靠著她們拜訪交流請教的決心，她們堅持所有的榮耀要一起分享給其他的織女們。

政大進入烏來與烏來織女們的互動，相較於其他單位而言，真的是非常非常密集。她們將不同的資源帶進烏來，而不是計畫結束就離開的團隊。這些資源的投入，也漸漸讓部落婦女們體會到，政大想要給我們的是魚竿，而不是魚。政大將知識系統帶進烏來，這裡開始懂得傳統工藝的溯源是何等重要，開始勇敢受邀傳遞分享自己的織路歷程。

過去，大多數的烏來婦女們對於部落的傳統歷史，或許沒有那麼重視，但是從進入不同博物館，看見部落的耆老們曾經織做的華麗服飾，都只能靜靜地躺在冰冷的博物館庫房，不知何時有機會再以自己的語言互動於當代。

於是，漸漸的烏來織部女性們開始覺醒，我們是大嵙崁群裡面的屈尺群泰雅族，我們是烏來德拉楠流域的織女，我們雖然沒有從老人家的口中或是手中學到她們精湛的技藝，但是，我們以後天必將所學織品記錄、重製並且分享給所有想要學習的部落婦女們，則是當代烏來織女們心中默默的自我期許。

　　然後，此刻書寫中的我，也漸漸清楚了自己在這一片熱愛自己部落的織女們身上，逐漸明白了，這一路上，不是我為烏來做了什麼？也不是政大校園師生們我們為烏來做了什麼？而是，上帝牽起我們的手以及我們眼中釋放的智慧，我們是一起為烏來的傳統織布工藝付出我們的熱誠的一群人，我們為傳統織布工藝與烏來進行了，

　　被記憶

　　被記錄

　　被傳承

　　被分享的歲月生活。

獵人論壇。(筆者提供)

雜貨店是我家

| 葉張霈
國立政治大學土地政策與環境規劃研究所碩士研究生

與雜貨店店長的相遇

　　還記得第一次認識烏來泰雅族忠治部落的田原學長（以下簡稱學長）是在政大的課堂上，當時聽他分享許多關於狩獵的故事，我才發現原來年輕人中也有獵人。一直以為狩獵是長輩耆老們的故事，與現代年輕人距離遙遠。我之前就知

道獵人不會破壞山林，反而是山林的守護者，但對於「山林守護者」這個詞其實沒有太深入的理解。透過學長的分享，才了解到，原來自然資源管理背後涉及家族權力的分配與管控，並且透過獵場、水源等資源形成複雜的人際網絡。這對從小在都市成長的我來說非常新鮮。

然而，對於我來說，這仍帶有很強的疏離感。我常常不知道自己屬於哪個群體或族群，也曾思考過是否有機會回到自己的部落，但心裡明白這並不容易。大多數時候，我接觸部落的方式都是透過原住民料理、參加部落體驗行程等，這些僅僅是物理上的靠近，與部落族人的連結還是很淺薄。但有趣的是，與學長的連結就是這樣慢慢開始的。

真正觸動我的是學長有一次帶來了泰雅族的醃肉（tmmyan）與大家分享。我是阿美族，阿美族也有自己的醃肉（silaw），但我從未吃過。當學長熱情地分給每個人時，我聞到那股強烈的味道，讓我想起媽媽在我弟出生後坐月子時喝的米酒

冬梅雜貨店。（筆者提供）

釀。這味道讓我很害怕,所以當時我試圖避開,希望學長分給我時正好用完了。可最終還是輪到了我。學長問我有沒有吃過 tmmyan 或 silaw,我說兩者都沒有。他熱情地告訴我,沒吃過自己族的 silaw,那一定要試試泰雅族的 tmmyan,否則說自己是原住民都說不過去。於是他特意給我挑了一塊比較小的 tmmyan,味道雖然很濃烈,加上生肉的咬感讓我費力地咀嚼,最後像是在咬口香糖一樣,實在咬不動只能硬吞下去。雖然過程不輕鬆,但這一小步讓我感覺更接近了部落族人,似乎得到了一種族人認同的感覺。

托洛閣阿嬤の店。(筆者提供)

雜貨店賣什麼？

再一次與學長相遇是在政大的社會責任辦公室，我們共同參與了由王雅萍老師帶領的「雜貨店 2.0 老店新開：順路經濟與社會資源整合平台計畫」。學長擔任雜貨店的店長，而我則是協助執行計畫的成員。對我來說，雜貨店的經營是一個全新的領域，更何況是部落裡的雜貨店。幸好學長從小就在雜貨店長大，這也讓我有機會更深入了解部落的生活。

學長的這家雜貨店其實平時並不營業，但有趣的是，當人們來訪時，雜貨店就會變得熱鬧非凡。從家長帶著小孩的露營團，到政大或輔大學生的文化之旅，甚至有時會舉辦學術性獵人論壇或青年論壇，國際賓客、族人婚禮、殺豬宴客等等活動，讓這間雜貨店充滿了各種不同的角色與功能，宛如一個小小的社交平台，等著人們來發掘。

雜貨店與獵人

最有趣的一次經歷是學長帶我們實地走訪烏來區目前已知的十三家雜貨店，並探討這些店與獵人之間的關係。當天我們沒有遇到獵人，但訪問到了獵人的媽媽張淑美（Dondon），淑美阿姨回憶起日本殖民時期，烏來因觀光

業發展，女性成為了觀光產業中的重要角色，她自己就是當時山胞公司的一名舞者與表演者。由於泰雅族的狩獵活動受到日本政府的管控，男性獵人的地位逐漸減弱，反而是女性因為參與表演，收入變得更高，成為家族中的重要經濟支柱，改變了傳統父系社會的結構。

雖然這些故事看似與雜貨店無關，但這正是雜貨店有趣之處。雜貨店的初始功能是賣東西，然而它承載的卻是更多的人際連結。對學長來說，它是童年的安親班；對淑美阿姨來說，它是與獵人之間的交易場；而對我來說，這是我進入部落的敲門磚。因為這個計畫，我與部落族人有了大量接觸，也因此感覺自己更加自然地融入了部落。正如計畫的名稱「順路經濟」所言，我是順路進入部落的小小社會資源。感謝雅萍老師讓我有機會參與這個計畫，也感謝田原學長讓我與烏來部落建立了更深的連結，雜貨店真的成了我的家。

國家圖書館出版品預行編目（CIP）資料

雜貨店的在與不再：雜貨店沒有告訴你的秘密 / 王雅萍
主編. -- 初版. -- 新北市 : 斑馬線出版社, 2024.11
　面；　公分

ISBN 978-626-98630-8-2（平裝）

1.CST: 商店　2.CST: 人文地理　3.CST: 田野工作
4.CST: 台灣

489.8　　　　　　　　　　　　　　113017461

雜貨店的在與不再
──雜貨店沒有告訴你的秘密

主　　編：王雅萍
執行編輯：王　梅
特約編輯：林宜妙
作 者 群：（依章節順序排列）
　　　　　王雅萍、田　原、高玉玫、胡財源、卓暐彥、王　梅
　　　　　蔡子傑、邱炫元、陳乃華、傅凱若、江薇玲、潘貞蕎
　　　　　黃秀柱、許　赫、范月華、葉張霈
總 策 劃：國立政治大學社會責任辦公室

發 行 人：張仰賢
社　　長：許　赫
副 社 長：龍　青
總　　監：王紅林
出 版 者：斑馬線文庫有限公司
法律顧問：林仟雯律師

斑馬線文庫
通訊地址：234 新北市永和區民光街 20 巷 7 號 1 樓
連絡電話：0922542983

製版印刷：龍虎電腦排版股份有限公司
出版日期：2024 年 11 月
Ｉ Ｓ Ｂ Ｎ：978-626-98630-8-2
定　　價：350 元

版權所有，翻印必究
本書如有破損，缺頁，裝訂錯誤，請寄回更換。